Rückruf-Training für Hunde

AUTORIN: KATHARINA SCHLEGL-KOFLER | FOTOGRAFIN: ANGELA KRAFT

Inhalt

28 Rückruf-Training

48 Probleme richtig lösen

Extras

Zuverlässiger Rückruf

Ein Ruf oder Pfiff, und der Vierbeiner ist da. Welcher Hundehalter wünscht sich das nicht? Kommt der Hund zuverlässig, lassen sich viele Konflikte im Alltag vermeiden. So wird jeder Spaziergang mit dem Vierbeiner zu einem entspannten Ausflug. Auch für den Hund, denn gut erzogen genießt er viele Freiheiten.

Warum »Kommen auf Ruf« so wichtig ist

Zuverlässiges Kommen ist eine der wichtigsten Übungen, die der Hund lernen muss. Neben den anderen Grundgehorsamsübungen ist das Kommen eine wesentliche Voraussetzung dafür, dass Sie Ihren Hund unterwegs unter Kontrolle haben. In einer Vielzahl von Situationen lassen sich Konflikte leicht vermeiden, wenn Sie Ihren nicht angeleinten Vierbeiner problemlos zu sich rufen können. Stellen Sie sich vor, er trifft unterwegs auf einen anderen Hund und spielt mit ihm. Irgendwann möchten Sie weitergehen, aber Ihrem Hund ist das egal, und er kommt nicht, wenn Sie ihn rufen. Womöglich läuft er sogar mit dem Spielkameraden mit. Problematisch kann es werden, wenn Sie einem angeleinten Vierbeiner begegnen, der vielleicht unverträglich oder krank ist. Rennt Ihr nicht angeleinter Hund zu diesem und lässt sich nicht zurückrufen, kann der Kontakt zwischen den Hunden rasch in eine Rauferei ausarten, auch wenn Ihrer »nur spielen will«. Recht bekommt im Zweifelsfall meist der Hundehalter, dessen Hund angeleint war. Anderes Beispiel: Ihr Hund jagt gern und hat ein Reh oder eine Katze im Blick bzw. in der Nase. Hier tun Sie gut daran, den Verbeiner sofort zu sich zu holen, selbst wenn er Reh oder Katze eh nicht erwischen kann. Einerseits braucht Wild Ruhe, andererseits motiviert jedes auch erfolglose Jagderlebnis Ihren Hund erneut zum Jagen, denn das Jagen allein ist schon Belohnung. Und wenn der Hund nicht auf Ruf kommt, sondern bei seinem Spurt hinter Katze oder Reh auf eine Straße läuft, lässt sich leicht ausmalen, welche Folgen es haben kann.

Das sind nur ein paar Beispiele von vielen, die deutlich machen, wie wichtig es ist, dass Ihr Vierbeiner möglichst umgehend zu Ihnen kommt, wenn Sie das verlangen.

Was bedeutet »Kommen auf Ruf«?

Viele Hundehalter denken, dass der Hund zu sehr in seiner Freiheit eingeschränkt wird, wenn sie ihn reglementieren und Wert auf Gehorsamsübungen legen. Sie möchten eigentlich »nur«, dass er kommt, wenn sie ihn rufen. Interessiert ihn seine Umgebung nicht, tut er das vielleicht sogar meist. Doch was ist, wenn Ihr Hund zum Beispiel ein Kindernarr ist, und es kommen ängstliche Kinder entgegen? Dann hilft kein »Der will nur spielen«, während er bereits durchstartet und das Komm-Signal ignoriert. Oder er ist auf dem Weg zu seinem »Erzfeind« – in Richtung Hauptstraße.

Sogar seine Lieblingsbeschäftigung Buddeln soll der Hund unterbrechen, wenn sein Zweibeiner ihn ruft. Da heißt es sorgfältig üben!

Sie sehen schon, zuverlässiges Kommen ist vor allem dann gefragt, wenn Sie den Hund von etwas, das ihn sehr interessiert, wegrufen möchten oder wenn Gefahr droht.

Was beinhaltet zuverlässiges Kommen auf Ruf?

Wir verlangen vom Hund, dass er etwas, das ihm sehr gut gefällt, beispielsweise Toben mit Artgenossen oder Buddeln im Mauseloch, sofort unterbricht und auf direktem Weg zu seinem Menschen zurückkommt. Hat er etwas Interessantes wahrgenommen und ist womöglich schon dorthin unterwegs, soll er sich ebenfalls zurückrufen lassen. Auch dann noch, wenn er schon näher an der Ablenkung ist als bei Ihnen.
Das Zurückkommen dauert im Vergleich etwa zu einem »Sitz« auch relativ lang, je nachdem, wie weit der Rückweg des Vierbeiners zu Ihnen ist. Unterwegs kann sogar noch die eine oder andere Ablenkung in die Quere kommen, die der Hund aber nicht beachten darf. Bei seinem Menschen angekommen, muss der Vierbeiner dann auch dort bleiben und darf nicht nach Abholen seiner Belohnung wieder durchstarten. Das hätte wenig Sinn. Wenn man sich all das bewusst macht, wird schnell klar, dass das Kommen eine sehr komplexe Übung ist, die nicht nur für den Hund, sondern auch für Sie eine besondere Herausforderung darstellt.

Hunde sind oft ins Spiel mit Artgenossen völlig versunken. Trotzdem sollte Ihr Hund Sie nicht warten lassen, wenn Sie ihn rufen.

Den Kindern ist beim Anblick des Hundes nicht wohl. In dieser Situation ist es wichtig, dass Ihr Hund auf Sie hört und kommt – auch wenn er nur spielen will.

Kommen auf Ruf, eine unterschätzte Übung

Viele Hundehalter unterschätzen die Rückrufübung. Ihr Aufbau ist wesentlich anspruchsvoller als etwa ein »Sitz« oder »Platz«, eben weil der Hund dabei nicht direkt bei uns ist. Dadurch besteht bei unkorrektem oder fehlendem Aufbau das Risiko, dass diverse »Störfaktoren« effektivem Lernen einen Strich durch die Rechnung machen oder der Hund etwas Falsches lernt. Aber erstaunlicherweise wird beim Trainieren des Kommens, obwohl es den meisten Hundebesitzern sehr wichtig ist, viel weniger überlegt als bei anderen Übungen. Oft wird das Gelingen mehr dem Zufall überlassen, und es wird viel zu viel nur ausprobiert. Funktioniert die Übung dann nicht, und der Hund geht seiner Wege, heißt es schnell, er ist ungehorsam oder »dominant«. Häufig wird er dann auch noch getadelt. Dabei hatte er gar nicht die Möglichkeit, wirklich zu lernen, was Sie von ihm erwarten und was Ihr Ruf eigentlich bedeutet.

Was das Kommen beeinflusst Ob Ihr Vierbeiner das Kommen zuverlässig lernt, hängt von verschiedenen Faktoren ab.

› Der richtige Übungsaufbau: Er ergibt sich daraus, wie der Hund lernt (→ Seite 8). Ohne systematisches Training geht gar nichts.

› Die Beziehung zwischen Ihnen und Ihrem Hund: Da der Hund kein Computer ist, den man einfach programmieren kann, muss in der Erziehung Wert auf eine gute Beziehung gelegt werden.

› Die hundegerechte Kommunikation: Sie ist wichtig, damit Ihr Vierbeiner Sie richtig versteht (→ Seite 17).

› Die Art der Belohnung: Was richtig ist, hängt von den Vorlieben Ihres Hundes ab (→ Seite 22).

› Das Timing: Sie müssen das Signal zum richtigen Zeitpunkt sagen (→ Seite 15).

› Die Typfrage: Sie müssen Ihren Hund gut einschätzen können, damit Sie wissen, welcher Typ er ist (→ Seite 30) und in welchen Situationen und Momenten Sie ihn spätestens rufen müssen.

Wie lernt der Hund?

Bevor es an die praktische Umsetzung geht, ist etwas »trockene« Theorie nötig.
Hunde lernen gern und die meisten auch recht schnell. Sowohl das, was man ihnen beibringen möchte, als auch das, was Sie vielleicht nicht wollen. Ihr Vierbeiner lernt nämlich nicht nur dann, wenn Sie mit ihm etwas üben. Er beobachtet sehr viel, was rund um ihn geschieht, wertet es auf seine Weise und lernt daraus.

Eine unbewusste klassische Konditionierung, die häufig geschieht: Der Hund freut sich schon, weil er gelernt hat, dass diese Jacke immer den Spaziergang ankündigt.

Beim Hund spielen vor allem zwei Lernformen eine Rolle: die klassische und die instrumentelle Konditionierung. Haben Sie sie verinnerlicht, wissen Sie genau, wie Sie eine Übung aufbauen müssen und vor allem, warum sie so aufgebaut werden muss. So werden Sie selbst sicherer im Training und allein dadurch überzeugender für Ihren Hund. Auch Ihr Vierbeiner wird besser lernen können, weil Sie stärker auf vermeintlich kleine Feinheiten achten können, die aber häufig eine große Wirkung haben.

Die klassische Konditionierung

Bei dieser Lernform wird ein zunächst neutraler Reiz mit einem natürlichen verknüpft.

Der Pawlow'sche Hund Am bekanntesten sind die Versuche des russischen Mediziners Iwan Pawlow (1849–1936). Er stellte fest, dass seine Versuchshunde nicht erst beim Fressen zu speicheln begannen, sondern bereits wenn sie die Person, die das Futter (natürlicher Reiz) brachte, wahrnahmen. Um das zu prüfen, ließ Pawlow unmittelbar vor der Fütterung eine Glocke erklingen. Der Ton ist zunächst für einen Hund ohne irgendeine Bedeutung. Erst durch die Verknüpfung mit Futter über einen gewissen Zeitraum wird er für den Hund bedeutend. Nun reichte schließlich allein der Glockenton, um den Speichelfluss auszulösen. Eine solche Konditionierung kann auch wieder gelöscht werden. Bleibt der natürliche Reiz, also

Lernen am Erfolg: Der Hund hat durch Ausprobieren festgestellt, dass es sich lohnt, auf dem Tisch nach Fressbarem Ausschau zu halten.

Primäre und sekundäre **Verstärker**

PRIMÄRE VERSTÄRKER Sie haben wie Futter von Natur aus eine große Bedeutung für den Hund.

SEKUNDÄRE VERSTÄRKER Sagen Sie nun unmittelbar vor jedem Belohnungshappen ein bestimmtes Wort, das Sie für nichts anderes verwenden, etwa »Suuuuper«. Nach vielen Wiederholungen verknüpft der Hund das Wort mit dem Happen. Dadurch wird das Wort allein zum Belohnungsversprechen. Es ist ein konditionierter oder sekundärer Verstärker geworden.

Sie können nun allein mit diesem Wort im richtigen Moment loben, und es macht nichts, wenn es mal länger dauert, bis Sie den Belohnungshappen aus der Tasche geholt haben.

hier das Futter, nach dem Glockenton längere Zeit aus, verliert der konditionierte Reiz (hier die Glocke) seine Bedeutung wieder.

In der Hundeausbildung Hier macht man sich diese Art der Konditionierung zunutze, indem man ein bestimmtes Verhalten mit einem bestimmten Signal (Wort, Pfiff oder Sichtzeichen) verknüpft. Hört der Vierbeiner also Ihr Komm-Signal, während er sich zu Ihnen auf den Weg macht, verknüpft er es mit dem Kommen. Letztlich wird dann das Signal (hoffentlich!) reflexähnlich zum Auslöser des erwünschten Verhaltens.

Lernen durch Beobachten Aber auch ohne gezieltes Training lernt der Hund verschiedene Zusammenhänge im Alltag. Ziehen Sie zum Beispiel immer eine ganz bestimmte Jacke an, wenn Sie mit dem Hund rausgehen? Dann haben Sie vermutlich schon gemerkt, dass er sofort wedelnd zu Ihnen kommt, wenn Sie diese Jacke vom Haken nehmen. Nicht aber, wenn Sie Ihre Bürojacke anziehen. Die zunächst bedeutungslose Jacke wurde durch die Verknüpfung mit dem geliebten Spaziergang zum konditionierten Reiz. Würden Sie diese Jacke aber nun nur noch anziehen, wenn Sie nicht mit dem Hund gehen, würde sie nach einiger Zeit wieder bedeutungslos werden.

Die instrumentelle oder operante Konditionierung

Diese Form des Lernens heißt auch Lernen am Erfolg oder Lernen durch Verstärkung. In Versuchen des amerikanischen Psychologen Burrhus Frederic Skinner (1904–1990) lernten zum Beispiel Ratten durch Ausprobieren, dass nur bei Betätigung eines Hebels Futter in die Futterschale fiel. Es folgte also auf ein bestimmtes Verhalten etwas Angenehmes. Andere lernten, mit einem Hebel den Stromfluss im

Boden ihres Käfigs abzustellen. Sie konnten etwas Unangenehmes abstellen. Bei wieder anderen hatte das Betätigen eines Hebels einen unangenehmen Stromimpuls zur Folge. Bei dieser Art der Konditionierung gibt es also verschiedene Formen.

Lernen durch positive Verstärkung Hier macht der Hund die Erfahrung, dass sich ein Verhalten lohnt, weil etwas Angenehmes, etwa eine Futterbelohnung, folgt. Er kommt auf Ruf und erhält einen leckeren Happen. Ist die Motivation für diese Belohnung hoch, wird das Verhalten häufig gezeigt. Bleibt die Belohnung dauerhaft aus oder ist sie zu wenig interessant, fehlt die Motivation, und das Verhalten wird nicht mehr gezeigt.

Die Motivation, etwas zu tun, sinkt allerdings auch, wenn der Hund für ein bereits erlerntes Verhalten immer ein Leckerchen erhält. Belohnen Sie jedoch variabel, dann weiß der Hund nicht, wann er etwas bekommt und wann nicht. So bleibt seine Erwartungshaltung hoch, und er wird sich stärker anstrengen. Das Lernen über positive Verstärkung spielt beim Hund eine große Rolle.

Die Aussicht auf Futterbelohnung motiviert die meisten Vierbeiner sehr stark dazu, erwünschtes Verhalten wiederholt zu zeigen.

Lernen über negative Verstärkung Dabei macht der Hund die Erfahrung, dass er mit einem bestimmten Verhalten etwas Unangenehmes abstellen kann. Er führt das Verhalten in Zukunft aus, um diesen unangenehmen Reiz zu vermeiden. Kommt der Hund beispielsweise auf Ruf nicht, und Sie verstecken sich, erzeugt das im Hund (hoffentlich!) ein ziemlich unangenehmes Gefühl. Das kann er abstellen, indem er rasch zu Ihnen kommt. Auch hier lohnt sich sein Verhalten, denn die »Belohnung« ist das Ausbleiben dieses unangenehmen Reizes. Auch Lernen über negative Verstärkung wird in der Hundeausbildung bisweilen eingesetzt.

Lernen über positive oder direkte Strafe Auf ein unerwünschtes Verhalten folgt eine negative Erfahrung. Etwas Unangenehmes wird also hinzugefügt, deshalb heißt es positive Strafe. Mit dieser Form des Lernens sollte man sehr vorsichtig umgehen. Bei richtigem Übungsaufbau sollte sie auch nicht nötig sein. Wichtig ist auf jeden Fall, dass man sich vergewissert, ob der Vierbeiner wirklich aus Ungehorsam eine bekannte Übung nicht ausführt oder ob ein anderer Grund vorliegt, etwa dass er sie noch gar nicht richtig kann oder die Ablenkung noch zu hoch ist. Im Zweifelsfall ist es also besser, wieder ein paar Schritte im Übungsaufbau zurückzugehen, bevor der Vierbeiner womöglich verunsichert wird.

Andererseits kann es durchaus helfen und auch nötig sein, einem ignoranten Vierbeiner, der das Kommen wirklich beherrscht, bei Ungehorsam einen Rüffel zu verpassen. Das kann ein Anrempeln, ein Knuff, ein beherzter Griff ins Fell oder ein »böser« Tonfall sein, wenn der Hund zum Beispiel an einer Duftmarke »festklebt« und die Ohren auf Durchzug gestellt hat. Doch man muss seinen Hund richtig einschätzen können, damit die Dosis, die Art und Weise sowie der Zeitpunkt der Einwirkung auch stimmen.

Was folgt daraus für das Rückruf-Training?

Damit der Hund Ihr Signal für das Kommen richtig lernen kann, werden die klassische und die operante Konditionierung kombiniert. Zunächst wird das Verhalten, also das Kommen zu Ihnen, systematisch mit einem bestimmten Signal – einem Wort oder Pfiff – verknüpft. Und zwar in dem Moment, in dem der Hund das erwünschte Verhalten zeigt, also wenn er beginnt, auf Sie zuzukommen. Ist er dann bei Ihnen angelangt, gibt es dafür nun eine Belohnung.

Übung macht den Meister Bis der Vierbeiner das Kommen (und auch jede andere Übung) richtig gelernt hat, sind zahlreiche und idealerweise fehlerfreie Wiederholungen nötig. Das braucht Zeit. Reagiert der Hund nicht auf Ihr Signal, lernt er, dass es eigentlich egal ist, was er macht. Je häufiger das passiert, desto weniger lernt er das erwünschte Verhalten. Das erfordert von Ihnen viel Mitdenken beim Training.

Der richtige Zeitpunkt Benutzen Sie in der Lernphase das Komm-Signal nur, wenn Sie hundertprozentig sicher sind, dass es klappt. Probieren Sie also auf keinen Fall einfach mal so aus, ob sich Ihr vier Monate alter Hund aus dem Spiel mit Artgenossen abrufen lässt. Misslingt das, ruinieren Sie sich dadurch leicht den Lernerfolg. Locken Sie den Hund in ähnlichen Situationen lediglich mit spannender Stimme, seinem Namen oder Ähnlichem zu sich oder holen Sie ihn.

Abbruchsignal konditionieren

TIPPS VON DER HUNDE-EXPERTIN **Katharina Schlegl-Kofler**

Wenn Sie möchten, dass Ihr Hund ein »Verbotswort« befolgt, muss er dessen Bedeutung erst lernen. Entweder durch die Kombination eines »Nein« oder »Pfui« usw. mit »drohender« Körpersprache und ebensolchem Tonfall (→ Seite 18–21) oder durch ein konditioniertes Signal.

SCHRITT 1 Geben Sie dem Hund einige Male ein Leckerchen aus der flachen Hand, mal aus der einen, mal aus der anderen. Will er das nächste nehmen, sagen Sie in neutralem Ton etwa »Stopp« und schließen gleichzeitig die Hand. Er wird verdutzt »erstarren« oder zurückweichen. Nun bekommt er ein anderes Leckerchen aus Ihrer anderen Hand. Wichtig: Bohrt er nach dem Leckerchen, warten Sie so lange, bis er aufhört.

SCHRITT 2 Nach einigem Üben nimmt Ihr Hund das Leckerchen auch bei offener Hand bei »Stopp« nicht, schließlich auch dann nicht, wenn es auf dem Boden liegt. Immer gibt es ein anderes zur Belohnung. Nun können Sie das Abbruchsignal bei unerwünschten Verhaltensweisen einsetzen. Es wirkt jedoch nicht bei jedem Hund gleich gut.

Voraussetzungen für zuverlässiges Kommen

Neben der richtigen Konditionierung (→ Seite 11) ist Ihr alltäglicher Umgang mit dem Vierbeiner und seine Beziehung zu Ihnen, die sich daraus ergibt, ein weiterer wichtiger Aspekt. Klappt es mit dem Rückruf nicht, ist die Ursache oft eine Kombination aus mangelhaftem Übungsaufbau und Schieflage in der Mensch-Hund-Konstellation. Deshalb gehört meist die gesamte Mensch-Hund-Beziehung auf den Prüfstand, und gegebenenfalls müssen Sie im Umgang etwas verändern.

Ihre Beziehung zum Hund

Was sind Sie für Ihren Vierbeiner? Sind Sie sein »Kumpel«, dem er seine Aufmerksamkeit dann widmet, wenn er gerade Lust dazu hat oder wenn sich keine interessantere Alternative bietet? Sind Sie sein »Verwöhnautomat«, aus dem er sich Spielstunden, Streicheleinheiten, Leckerchen usw. nach Bedarf holen kann? Bemühen Sie sich, ihm möglichst jeden Wunsch von den Augen abzulesen? Trifft alles auf Sie und Ihren Hund zu, versetzen

Ruhiges Streicheln und gemeinsames Kuscheln gehören zu den bindungsfördernden Faktoren. Aber nur dann, wenn der Hund Körperkontakt genießt und ihm nicht zu viel davon zugemutet wird.

Sie sich nun einmal in die Lage Ihres Vierbeiners. Er läuft frei und hat gerade ein paar Artgenossen – darunter vielleicht noch eine Hündin, die sehr gut riecht – zum Spielen und Tollen getroffen. Und jetzt möchten Sie, dass er sofort kommt, weil Sie dringend nach Hause müssen. Warum sollte er gerade jetzt seine so lustvolle Beschäftigung unterbrechen und zu Ihnen kommen? Wo Sie sich doch sonst auch eher nach ihm richten und nicht umgekehrt. Sie meinen, gerade weil Sie immer so »nett« zu ihm sind und ihm so viele Freiheiten gewähren, sollte er nun zu Ihnen kommen? Hunde denken da leider anders. Je weniger »Führung« der Zweibeiner dem Hund vermittelt, desto weniger ernst wird er von ihm genommen.

Ihr Hund fordert Sie zum Spielen auf. Gehen Sie nicht immer darauf ein, und schenken Sie ihm dann keine Aufmerksamkeit.

Die Sache mit der Konsequenz

Sie unterhalten sich unterwegs kurz mit jemandem und möchten, dass sich Ihr Hund setzt. Er »überhört« Sie. Sie wiederholen Ihr Hörzeichen noch zwei, drei Mal erfolglos und lassen es dann. Oder Ihr Hund soll bei Fuß gehen, riecht aber etwas Interessantes und zieht an der Leine dorthin – Sie gehen mit. Oder Ihr Vierbeiner darf eigentlich nicht auf das Sofa und weiß das auch. Er legt Ihnen aber mit Schmachtblick den Kopf auf den Schoß und »schleimt« sich so auf die Couch.

Das sind nur wenige Beispiele zahlloser Situationen im Alltag, in denen sich viele Hundehalter inkonsequent verhalten. Rufen Sie sich wieder obiges Szenario in Erinnerung, in dem der Vierbeiner zurückkommen soll. Es schwant Ihnen vermutlich schon: Warum sollte Ihr Hund aus seiner Sicht gerade in einer solchen Situation kommen, wenn er ständig die Erfahrung macht, dass Sie Ihre »Anweisungen« sowieso nicht ernst meinen? Genauso ist es, wenn Sie »launisch« sind, das heißt, wenn Sie mal konsequent sind und den Hund womöglich für Ungehorsam sogar tadeln, ein anderes Mal es Ihnen aber egal ist, wenn er Sie »überhört«. Mangelnde Konsequenz ist also ein weiterer bedeutender Stolperstein für einen zuverlässig funktionierenden Rückruf.

Der Teamchef sind Sie

Wie können Sie nun den Umgang mit Ihrem Hund so gestalten, dass er Sie ernst nimmt? Hunde sind Rudeltiere, die sich gern auf ein erfahrenes Leittier verlassen. Für Ihren Hund müssen Sie das sein.

Souverän sein Als übergeordneter Teampartner stellen Sie die Regeln für das Zusammenleben auf und sorgen für deren Einhaltung. Sie zeigen Ihrem Hund, was er wie machen soll, aber auch, was er nicht tun soll. Dabei ist es wichtig, dass Sie immer ruhig, berechenbar und bestimmt bleiben. So vermitteln Sie Ihrem Hund Souveränität und eine innere Autorität. Das wiederum gibt ihm Sicherheit und Vertrauen. Er hat eine klare Linie, an der er sich orientieren kann, und weiß, er kann sich auf Sie verlassen.

Auch mal ignorieren Zu Ihrer Aufgabe als Teamchef gehört auch, nicht immer zu springen, wenn Ihr Vierbeiner etwas von Ihnen möchte. So müssen Sie ihn beispielsweise nicht immer streicheln, wenn er Sie dazu auffordert. Schicken Sie ihn öfter mal weg oder ignorieren Sie ihn. Aber wenn er zum Beispiel gerade döst oder etwas anderes macht, rufen Sie ihn zu sich und streicheln ihn oder kuscheln mit ihm. Genauso machen Sie es mit Spielaufforderungen. Oder mit der Fütterung. Steht Ihr Vierbeiner zur Fütterungszeit mit Hypnoseblick vor Ihnen oder möchte Sie auf andere Art in die Küche dirigieren, dann ignorieren Sie ihn so lange, bis er seine Bemühungen einstellt. Erst dann gibt es etwas. Überwiegend geben Sie also den Ton an. Je fordernder Ihr Vierbeiner ist, desto weniger gehen Sie auf Aktionen seinerseits ein.

Den Gehorsam fördern Zu einem Teamchef gehört außerdem, dass seine Anweisungen befolgt werden. Mit Ihrem Hund können Sie nämlich nichts durch- oder ausdiskutieren. Wenn Sie von ihm eine Übung verlangen, die er bereits gelernt hat, dann muss er sie möglichst aufs erste Mal, spätestens aber nach einer Wiederholung des Hörzeichens ausführen. So fördern Sie seine Unterordnungsbereitschaft, die für einen zuverlässigen Gehorsam wichtig ist. Im Falle eines Falles sollten Sie sich also souverän durchsetzen. Kann der Hund Ihr »Sitz«, »Platz« oder ein anderes Kommando nicht »überhören« und Regeln im Zusammenleben nicht aufweichen, wirkt sich das auch positiv auf den zuverlässigen Rückruf aus.

Das richtige Maß an Zuwendung

Zuwendung ist für den Vierbeiner sehr wichtig. Viele Hunde lieben es, mit ihren Menschen in engem Körperkontakt zu kuscheln. Sie genießen es, gekrault und gestreichelt zu werden. Doch nicht selten wird am Hund den ganzen Tag »herumgestreichelt« oder die Kinder spielen permanent mit ihm. So ist Zuwendung nichts Besonderes mehr für den Hund, sie wird ihm sogar zu viel. Dann ist er froh, wenn er unterwegs der »Dauerbespaßung«

Warten vor dem vollen Napf, bis Sie die Erlaubnis zum Fressen geben: Auch das gehört zum Grundgehorsam eines jeden Vierbeiners.

entkommt. Zu viel Zuwendung hat außerdem den Nachteil, dass Sie Streicheln und Kraulen nicht mehr als Lob für eine erfolgreich ausgeführte Übung einsetzen können, weil das für den Hund zu gewöhnlich geworden ist. Dosieren Sie deshalb die Zuwendungen, die Sie Ihrem Hund geben.

Eine stimmige Auslastung

Um sich wohlzufühlen und ausgeglichen zu sein, braucht der Vierbeiner neben ausreichender Bewegung meist eine sinnvolle Beschäftigung. Je nach Rasse und Typ unterschiedlich viel. Ein unausgeglichener, dauernd unterforderter Hund weiß nicht wohin mit seiner Energie und lechzt geradezu nach irgendeinem Anlass, um sich abreagieren zu können. Bietet sich dann ein entsprechendes Ventil, beispielsweise in Form einer Katze, die über die Wiese rennt, oder in Form von Menschen, die man anspringen kann, dann spurtet der Hund los und lässt sich nur schwer zurückrufen. Ein ausgelasteter Vierbeiner »hofft« dagegen nicht so ausgeprägt auf irgendeinen Reiz und ist schon dadurch leichter kontrollierbar.

Suchspiele, Apportieren oder Geschicklichkeitsübungen lassen sich überall gut einbauen und würzen den Spaziergang mit Abwechslung. Regelmäßiges Training verschiedener Gehorsamsübungen in kurzen Einheiten über den Tag verteilt, festigt den Gehorsam. All das wirkt sich dann letztlich positiv auf das zuverlässige Kommen aus. Aber alles mit Maß und Ziel. Beschäftigung heißt nicht Dauerbespaßung. Kurze, anspruchsvolle Aufgaben bringen mehr als viele zu leichte.

Also Qualität statt Quantität. Denn zum Pflichtprogramm eines Hundes gehört auch, sich anzupassen und ruhig zu verhalten, wenn nichts los ist oder niemand Zeit für ihn hat.

Das Timing ist wichtig

Ihre Aktionen müssen im richtigen Augenblick erfolgen, damit der Vierbeiner sie wie gewünscht verknüpft.

AKTION	AUSFÜHRUNG
VERKNÜPFEN	Lob und Tadel verknüpft er mit dem Verhalten direkt davor.
BELOHNEN	Geben Sie eine Belohnung direkt im Anschluss an das erwünschte Verhalten.
TADELN	Eine Korrektur durch die Stimme, Körpersprache oder ein Abbruchsignal erfolgt zu Beginn des unerwünschten Verhaltens (→ Seite 11).
RECHTZEITIG RUFEN	Rufen Sie Ihren Vierbeiner stets rechtzeitig (→ Seite 31). Am besten rufen Sie ihn, solange er sich noch innerhalb des Bereichs befindet, in dem er auf Sie reagiert, spätestens, wenn Sie an ihm erste Anzeichen unerwünschten Interesses feststellen.

Die Rückruf-Basics

Wie versteht der Hund, was Sie von ihm möchten? Und wie wirken Sie auf Ihren Vierbeiner? Hunde entnehmen unserem Verhalten viele Informationen. Die Kommunikation ist also sehr wichtig. Dabei haben kleine Dinge oft eine große Wirkung! Das gilt es im Umgang mit Ihrem Hund zu beachten.

Die richtige Kommunikation

Zwei Voraussetzungen für einen guten Gehorsam kennen Sie bereits – die Konditionierung des Rückrufsignals (→ Seite 11) sowie einen hundegerechten Umgang mit dem Vierbeiner (→ Seite 12). Nun brauchen Sie noch etwas »Handwerkszeug« für die hundegerechte Verständigung. Dazu gehört zunächst die Wahl des Rückrufsignals. Welches ist geeignet und welches eher nicht? Dann ist da noch Ihre Stimme. Wie setzen Sie sie richtig ein, damit Sie Ihren Hund überzeugen, zu Ihnen zu kommen? Besonders bei einer »dünnen« Stimme ist eine Hundepfeife eine gute Option.

In der Kommunikation von Hund zu Mensch ist die Körpersprache genauso bedeutend wie von Hund zu Hund. Sie lässt sich daher für die Kommunikation sehr gut einsetzen. Aber nicht jedem Menschen liegt es, sich körpersprachlich zu artikulieren. Eventuell müssen Sie in diesem Bereich etwas an sich arbeiten. Sehr wichtig beim Rückruf-Training ist, wie Sie schon wissen, dass sich das Kommen für den Hund lohnt. Das heißt, Sie benötigen eine Belohnung, die individuell für Ihren Hund ein solches Highlight darstellt, dass er dafür andere Reize unbeachtet lässt (→ Seite 22).

Nützliche Hinweise zur Kommunikation

Die Kommunikation über Stimme und Körpersprache ist ein wesentlicher Aspekt im Training. Damit Sie richtig zu Ihrem Hund »rüberkommen«, beachten Sie diese Punkte:

Qualität vor Quantität Üben Sie nur, wenn Sie Zeit und Muße haben, nicht bei Stress oder wenn Sie sich nicht wohlfühlen.

Ruhe Vermeiden Sie im Umgang mit dem Vierbeiner Hektik, Nervosität und Ungeduld.

Kommunikation Lernen Sie Ihren Hund genau kennen, und passen Sie Körpersprache und Stimme seinem Typ an.
Lautstärke Hunde hören sehr gut. Für den Rückruf reicht normale bis mäßige Lautstärke – je nach Hund, Situation und Entfernung.
Betonung Wichtig ist die richtige Betonung, also etwa ein gedehntes »Hiiiier« in souveränem, freundlichem Tonfall.
Notfall Ein wirklich gebrülltes Rückrufsignal sparen Sie sich für Notfälle auf, wenn der Hund zum Beispiel in Richtung Straße rennt.
Nicht zögerlich Weder Stimme noch Pfeife oder Körpersprache dürfen unsicher oder zögerlich wirken, sondern sicher und bestimmt.

Ein deutliches Hörzeichen

Damit der Hund eine Übung lernen kann, muss das erwünschte Verhalten mit einem immer gleichen Signal verknüpft werden. Obwohl die meisten Hundehalter für »Sitz«, »Bleib« oder andere Übungen ein bestimmtes Wort verwenden, wird beim Kommen oft bunt gemischt. Da heißt es mal »Schnell, komm her«, mal »Kommst du jetzt bitte« oder »Kommst du jetzt endlich«. Wie kann der Vierbeiner bei dem Durcheinander lernen, was er tun soll?
Die richtige Wahl Kommen ist keine Frage und auch keine Bitte, sondern wie jedes andere Hörzeichen auch eine »Anweisung«. Deshalb gilt: Ein präzises Hörzeichen muss her. Doch welches?

› Hunde lernen mehrere Übungen. Daher ist es wichtig, dass sich die einzelnen Hörzeichen deutlich unterscheiden.

› Hunde kennen die Bedeutung eines Wortes nicht. Sie könnten für das Kommen theoretisch auch »Banane« wählen, aber nicht etwa »Flitz«, denn das klingt wie »Sitz«.

› Ihr Hörzeichen sollte kein Wort sein, das Sie in anderen Zusammenhängen verwenden. Sonst hört Ihr Verbeiner es ohne Zusammenhang mit dem Kommen. Deshalb sind das viel verwendete »Komm« und auch der Name nicht die erste Wahl. »Komm« wird oft als Füllwort benutzt, beispielsweise bei »Komm, mach Sitz«.

› Wesentlich besser ist deshalb zum Beispiel »Hier«. Das sagt man im Alltag nicht so häufig. Außerdem lässt es sich gut dehnen, wodurch es noch prägnanter klingt.

Ihr Hund bemüht sich, Sie zu verstehen. Aber nur wenn Sie hundegerecht mit ihm kommunizieren, kommen Ihre Botschaften richtig bei ihm an.

Der Einsatz der Stimme

Hunde entnehmen unserem Tonfall, ob wir uns sicher oder unsicher sind, ob wir etwas ernst meinen oder nicht, ob wir sie loben oder korrigieren (etwa mit einem scharfen »Gscht«, einem knurrigen Räuspern oder einem ebensolchen »Nein« bzw. »Pfui«), ob wir Ruhe etwa bei Übungen wie Platz oder Bleib oder Aktivität beim Rückruf oder Fuß-Gehen vermitteln. Hektik und Nervosität in der Stimme sollten Sie allerdings vermeiden. Rufen Sie Ihren Hund stets souverän und in einem motivierenden, aber bestimmten Tonfall. Und verstecken Sie das »Hier« nicht in einem Redeschwall, sonst hört Ihr Vierbeiner das Wesentliche nicht heraus. Die Lautstärke passen Sie der Entfernung an.

Die Übung auflösen

Befolgt Ihr Hund eine Übung, müssen Sie ihm sagen, wie lange er sie ausführen soll – auch wenn er nach dem Ende der Übung an der Leine bleibt. Rufen Sie ihn, muss er so lange bei Ihnen bleiben, bis Sie ihn entweder freigeben oder eine andere Übung anschließen, um zum Beispiel bei Fuß an einem angeleinten Artgenossen vorbeizugehen. Ihr Vierbeiner soll nicht nur zu Ihnen kommen, seine Belohnung abholen und wieder durchstarten. Damit er bei Ihnen bleibt, lassen Sie ihn am besten vor sich sitzen.

Als Auflösungssignal eignet sich zum Beispiel »Fertig« oder Ähnliches, anfangs kombiniert mit einer aktivierenden Bewegung Ihres Körpers. Auch dieses Signal bleibt immer gleich. Wichtig ist außerdem, dass Sie nicht nur das Kommen immer auflösen, sondern auch alle anderen Übungen, sonst versteht Ihr Hund nicht, warum er beim Rückruf bei Ihnen bleiben soll, aber zum Beispiel aus dem Platz aufstehen darf, wann er will.

Bei der Hundepfeife beachten

AKTION	ERKLÄRUNG
WARUM EINSETZEN?	Eine Hundepfeife klingt »exklusiv«, auf größere Entfernung eindringlicher und immer gleich, egal wer sie benutzt.
WIE EINSETZEN?	Der Hund muss auf die Pfeife und auf einen bestimmten Pfiff genauso konditioniert werden wie auf ein Wort. Andernfalls reagiert er lediglich zufällig und nur deshalb darauf, weil er das Geräusch nicht kennt.
WELCHE KAUFEN?	Kaufen Sie eine Pfeife, deren Ton Sie hören können, um sicher zu sein, dass sie auch funktioniert. Am besten nehmen Sie gleich noch zwei identische als Reserve. Im Zoofachhandel finden Sie unterschiedliche Modelle.
WO AUFBEWAHREN?	Bewahren Sie die Pfeife so auf, dass niemand, beispielsweise auch kein Kind, darauf herumpfeifen kann.

Die Körpersprache

Sie ist in der Kommunikation mit dem Hund sehr nützlich und effektiv. Je nachdem wie sensibel der Hund ist, reagiert er schon auf sehr feine Signale oder erst auf deutlichere. Überlegen Sie stets, ob Sie dem Hund Ruhe oder Aktivität vermitteln möchten, ob Sie ihn hemmen wollen oder ihn animieren möchten, Ihnen zu folgen. Und genau das drücken Sie mit Ihrem Körper dann aus.

So fördern Sie das Kommen Wenn Sie Ihren Hund zu sich rufen und sich gleichzeitig rasch wegbewegen, wird ihn das zusätzlich anspornen, schnell zu folgen. Besonders einladend wirken Sie auf Ihren Welpen, wenn Sie ihn in der Hocke zu sich rufen. Ein neutraler bis freundlicher Blick wirkt ebenfalls einladend. Gehört Ihr Hund zu den Sensibelchen, die ein direkter Blickkontakt, auch wenn er neutral ist, verunsichert, dann wenden Sie den Blick etwas ab, wenn Sie den Hund zu sich rufen.

So hemmen Sie das Kommen Der Hund fühlt sich bedroht, wenn Sie verärgert auf ihn zugehen. Je flotter und forscher Ihr Schritt, je »drohender« Ihre Körperhaltung ist, desto stärker ist Ihr Hund beeindruckt. Auch wenn Sie sich nach vorn beugen, ihn dabei knuddeln oder von oben nach ihm greifen, wirkt das eher negativ auf ihn. Auch ein strenger Blick wirkt schon hemmend, ähnlich auch das Aufstampfen mit einem Fuß. Der Hund wird langsamer werden, stehen bleiben, rückwärtsgehen oder Sie bei zu »heftigen« Körpersignalen meiden. Hemmende Signale sind bei Problemen mit dem Rückruf kontraproduktiv, denn der Hund wird so noch weniger motiviert, zu Ihnen zu kommen. Auf oben erwähnte Sensibelchen können Sie schon verunsichernd wirken, wenn Sie frontal zum Hund gerichtet stehen, während er zu Ihnen unterwegs ist. Drehen Sie sich dann ein wenig zur Seite.

So steuern Sie bewusst Überhört der Hund Ihren Rückruf jedoch und »klebt« stattdessen etwa schnüffelnd an einer Duftmarke, können Sie – auf Ihren Hund abgestimmt – mit den links genannten hemmenden Signalen und Ihrer Stimme dieses unerwünschte Verhalten unterbrechen. Auch ein beherzter Griff ins Fell (nicht schütteln!) oder ein Anrempeln sagen: »So nicht.« Der Vierbeiner wird das momentane Verhalten dann abbrechen. Anschließend rufen Sie ihn noch mal aus kurzer Distanz und loben ihn, wenn er jetzt kommt.

Das sagt die Körperspannung Wichtig ist auch, dass Sie körpersprachlich Sicherheit ausstrahlen und die richtige innere Einstellung haben. Rufen Sie Ihren Hund beispielsweise mit hängenden Schultern und einem gelangweilten »Hier«, wird ihn das wenig motivieren, rasch und freudig zu kommen. Denn Sie signalisieren ihm, dass es Ihnen eigentlich egal ist, ob er kommt oder nicht. Sind Sie jedoch »wach«, engagiert und stehen innerlich hinter dem, was Sie dem Hund vermitteln möchten, dann haben Sie eine Spannung im Körper und auch eine feste Stimme. Sie wirken überzeugend und sicher, und schon nimmt Ihr Hund Sie ernst.

»Hier« mahnend gesprochen

Ist Ihr Vierbeiner bereits gut ausgebildet und beherrscht das Komm-Signal routiniert, dürfen Sie ihm gegenüber ruhig streng sein, wenn er es nicht befolgt. Ignoriert er also Ihr Signal, oder biegt er auf dem Weg zu Ihnen doch noch zu einer Reizquelle ab, sagen Sie ihm zur Erinnerung noch mal das Rückrufsignal, doch nun in ermahnendem Ton. So merkt er, dass Sie es ernst meinen.

ANIMIEREN Wenn Sie sich vom Hund wegbewegen, animieren Sie ihn zusätzlich zum Rückrufsignal und vor allem bei hoher Ablenkung, Ihnen zu folgen. Je langsamer und gemütlicher Sie sich von ihm entfernen, desto geringer ist allerdings der Effekt, denn Sie wirken dann weniger entschlossen, und Ihrem Hund bleibt viel Zeit. Je fester Ihr Schritt ist und je schneller Sie sich aus dem Staub machen, umso ernsthafter wirken Sie auf Ihren Vierbeiner, und desto schneller wird er wieder Anschluss suchen.

LOCKEN Damit Ihr Welpe ganz dicht zu Ihnen kommt, lassen Sie Ihre Hände unbedingt nah am Körper. Keine Angst, er kommt schon zu Ihnen. Wer allerdings dem Welpen die Arme samt Leckerchen entgegenstreckt, hält ihn auf Abstand. Daraus folgt dann oft, dass man auch noch hektisch nach ihm greift und ihn womöglich am Halsband zu sich zieht. Beides macht das Ankommen bei Ihnen für Ihren Vierbeiner unangenehm.

HEMMEN Sich stark über den Hund zu beugen oder ihn hektisch zu knuddeln und zu streicheln, ist dem Vierbeiner unangenehm und wirkt sich hemmend auf freudiges Kommen aus.

Richtig belohnen

Wie Sie bereits wissen, lernen Hunde am Erfolg (→ Seite 9). Befolgt der Vierbeiner Ihren Rückruf, muss sich das für ihn also lohnen. Es gibt verschiedene Belohnungsarten, die Sie – je nachdem wie Ihr Hund »gestrickt« ist – einsetzen können.

Wichtig Seien Sie vorsichtig mit dem Belohnen, wenn Artgenossen in der Nähe sind. Denn sowohl Ihr Vierbeiner als auch fremde Hunde neigen vielleicht dazu, Futter oder Spielzeug zu verteidigen. Achten Sie daher auf genügend Abstand.

Futter

Es hat für die meisten Hunde einen hohen Stellenwert, doch man muss von Hund zu Hund unterscheiden. Tut der eine Vierbeiner selbst für ein gewöhnliches Trockenfutterpellet – und obwohl er eigentlich pappsatt ist – alles, muss es bei einem anderen schon ein Stück Fleisch sein, oder er muss entsprechend großen Appetit haben. Finden Sie heraus, was für Ihren Vierbeiner ein Highlight ist. Auch bei mäkeligen Hunden gibt es meist etwas

Eine »fliegende Beute« animiert manche Vierbeiner mehr als Futter, freudig und schnell zu ihrem Menschen zu kommen. Bis der Rückruf konditioniert ist, darf der Hund der Beute direkt hinterherrennen.

Unwiderstehliches – kleine rohe Rindfleischstückchen, gekochtes Hühnchenfleisch oder besondere Snacks aus dem Zoofachhandel. Belohnungshappen sollten weich und relativ klein sein, damit der Hund sie rasch schlucken kann. Muss er erst lange kauen, ist die Zeit zwischen dem zu belohnenden Verhalten und dem Schlucken zu lang.

Futterbelohnungen haben mehrere Vorteile Sie lassen sich im richtigen Moment geben, und man kann sowohl in der Menge als auch in der Art variieren. So gibt es für ganz besondere Leistungen einen Jackpot, also gleich etliche Happen auf einmal. Oder es gibt für »Sitz«, »Platz« usw. relativ normale Happen, für das Kommen ganz besondere. Exklusive Happen sind auch empfehlenswert, wenn es sich nicht vermeiden lässt, dass Oma oder die Kinder dem Hund immer wieder mal zwischendurch Leckerchen zustecken.

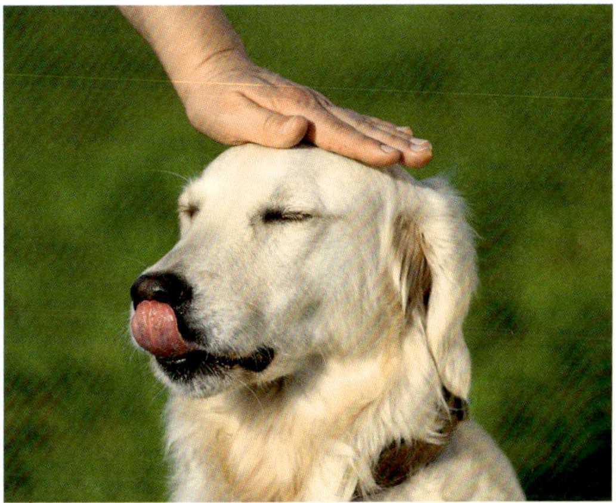

Diese Form der Zuwendung kommt beim Hund nicht als Belohnung an: Er kneift die Augen zu und leckt sich die Schnauze (Konfliktsignal).

Spielzeug

Manchen Hunden ist Spielzeug als »Beute« wichtiger als Futter. Um es richtig einzusetzen, müssen Sie zuerst herausfinden, was Ihr Hund am liebsten macht. Ist ein Zerrspiel für ihn das Highlight? Oder ist ein fliegender Ball, den er dann bringt, die Superbelohnung? Zum Zerren eignen sich Spieltaue, zum Werfen etwa Bälle mit Schnur. Beides bekommen Sie im Zoofachhandel.

Futterdummy

Die Kombination von Futter und Beutereiz ist das Futter- oder Snackdummy (Zoofachhandel), eine Art Schlampermäppchen mit Happen gefüllt. Bringt der Hund es zu Ihnen, gibt es daraus Futter. Liebt Ihr Hund Futter und bringt Beute, können Sie das Futterdummy auch als Jackpot einsetzen. Geeignet ist es für Hunde, die gern apportieren.

Körperkontakt

Auch Streicheln und Kraulen sind Belohnungsformen. Doch nicht alle Hunde sind »Schmusebacken«. Wenn Ihr Hund aber gern gekrault wird, ist diese Belohnungsform geeignet. Kommt er auf Ruf und drückt sich an Sie, dann knuddeln und kraulen Sie ihn, aber ruhig und ohne Hektik. Sie sollten das Kraulen dann aber im Alltag dosieren, damit es etwas Besonderes bleibt.

Achtung Das beliebte Kopftätscheln oder hektische Streicheln im Gesicht ist Hunden unangenehm und wirkt daher eher hemmend!

Wenn die Belohnung nicht wirklich interessiert

Wenn Sie merken, dass Ihr Hund zwar kommt, aber dann rasch etwas anderes macht, ist die Belohnung falsch gewählt. Versuchen Sie aber nicht, in der Trainingssituation die Belohnung für den Hund interessant zu machen! Also kein »Schau doch mal, ein schönes Leckerchen/dein Ball« oder Ähnliches. Testen Sie außerhalb der Übungszeiten, was Ihr Hund wirklich unbedingt möchte.

Die Handfütterung

Kommt Ihr Hund nicht, weil Ihnen die nötige Souveränität noch fehlt und er Sie daher nicht respektiert? Sind ihm Leckerchen und Spielzeug weitgehend egal? Bei solchen Problemen ist die Handfütterung über einige Monate eine gute Hilfe. **Handfütterung bedeutet,** dass sich der Vierbeiner sein Futter über den Tag durch zuverlässiges Kommen erarbeiten muss und dass er nichts mehr aus dem Napf bekommt. Sie machen ihn dadurch abhängiger von sich, und er muss mit Ihnen kooperieren, um an sein Futter zu kommen. Richten Sie sich morgens die Tagesration her, und tragen Sie das Futter etwa in einer Gürteltasche bei sich. Eventuell füttern Sie ihn einen Tag vorher nicht, denn er muss hungrig sein und geradezu darauf warten, gerufen zu werden. Dadurch kann sich das Kommen auf Ruf festigen und automatisieren. Ist das erreicht, bekommt der Hund nicht mehr bei jedem Befolgen des Rückrufsignals etwas, sondern variabel (→ Seite 32). Klappt alles über einen längeren Zeitraum und haben Sie an Souveränität gewonnen (das ist ganz wichtig! → Seite 13), können Sie wieder zur normalen Fütterung übergehen. **Ein großer Vorteil der Handfütterung** ist die einfache Umsetzung. Das einzige »Problem« sind die menschlichen Emotionen, wenn der Hund womöglich »traurig« in den leeren Napf schaut. Aber keine Angst, Handfütterung schadet ihm nicht. Bedenken Sie, dass es für ihn letztlich nur Vorteile hat, wenn er zuverlässig kommt.

Am besten funktioniert die Schleppleine in offenem Gelände. Zunächst behält man das Ende in der Hand, die Leine bleibt locker.

Mit Schleppleine üben

Bevor Sie sich für die Schleppleine entscheiden, sollten Sie Folgendes beachten:

UMGEBUNG Ist das Gelände überwiegend frei, dann klappt das Training. Mit viel Gebüsch und Bewuchs kann es schwierig werden, weil sich die Leine oft im Gestrüpp verhängen kann.

ARTGENOSSEN Mit einem Artgenossen darf Ihr Hund spielen. Mit mehreren wird es schwierig, denn sie können sich leicht durch die Leine miteinander verheddern.

TRAINING UNTER ANLEITUNG Wenn Sie sich für das Training mit der Schleppleine entscheiden, ist es ratsam, sich die Anwendung von einem damit vertrauten Trainer zeigen zu lassen.

Überlegungen zur Schleppleine

Ist ein Hund draußen weder durch Leckerchen noch Spielzeug oder Handfütterung ausreichend zu beeinflussen und fehlen dem Menschen noch die Führungsqualitäten, dann wird es schwierig, den Rückruf zu konditionieren. Als »letzte Rettung« bleibt noch die Schleppleine. Dabei sollten Sie bedenken, dass der Hund über Monate keinen (!) Schritt ohne Schleppleine aus dem Haus gehen darf. Denn wenn er sie nicht immer trägt, lernt er zu unterscheiden, wann er den Rückruf befolgen muss (mit Schleppleine) und wann nicht (ohne). Dann war der ganze Aufwand umsonst. Überlegen Sie, ob Sie das durchhalten. Beachten Sie dazu auch die Tipps im Kasten links.

Das brauchen Sie Verwenden Sie eine 10 bis 15 Meter lange Suchleine, die zum Schutz Ihrer Hände etwas breiter sein sollte. Das Halsband darf sich nicht zuziehen, vor allem bei kleineren Hunden ist ein Brustgeschirr sinnvoll.

Das ist wichtig Als Erstes muss der Hund zu Hause auf das Rückrufsignal konditioniert werden, damit er eine Korrektur verstehen kann. Er darf weder mit Halsband noch am Geschirr ungebremst in die Leine rennen. Deshalb wird sie zunächst nur wenige Meter lang verwendet und erst allmählich länger gelassen.

Wie die Schleppleine funktioniert Reagiert der Hund auf den Rückruf, wird er belohnt. Achtet er nicht darauf, folgt unmittelbar nach einem zweiten Rückruf ein Impuls an der lockeren (!) Leine durch eine rasche wellenförmige Bewegung. Der Hund ist beeindruckt und schaut sich um, er wird noch mal gerufen und kommt. Sie dürfen ihn auf keinen Fall heranziehen. Ist das Kommen gefestigt, »schleichen« Sie sich nach und nach aus dem Training mit der Schleppleine aus, indem Sie sie jede Woche um etwa 30 Zentimeter kürzen, bis eines Tages nur noch ein Stückchen am Halsband hängt.

Richtet der Hund trotz einer solchen Ablenkung seine Aufmerksamkeit auf den Menschen, bekommt er dafür eine Belohnung. Sie sollte reizvoller sein als die Ablenkung.

Voraussetzungen für den Rückruf

Signal

Ein deutliches Signal mit Stimme oder Pfeife ist eine der wichtigsten Voraussetzungen dafür, dass Ihr Hund das Kommen eindeutig mit dem Signal verknüpfen kann. Denn nur wenn ein bestimmtes Verhalten mit dem entsprechenden Signal richtig konditioniert wird, kann das Kommen für den Hund zu einem reflexartigen Verhalten werden.

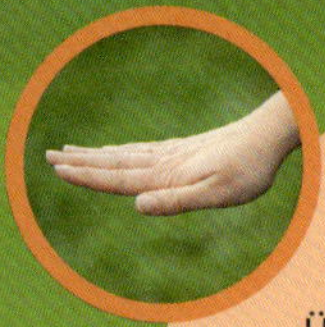

Aufbau

Ein systematischer Übungsaufbau Schritt für Schritt erleichtert dem Hund das Lernen. Dies sorgt einerseits dafür, dass sich das Gelernte gut festigen kann, und verhindert andererseits, dass der Vierbeiner überfordert wird und deshalb Fehler macht. Dies verunsichert ihn.

Botschaft

Ihre Körpersprache trägt, wenn Sie sie richtig einsetzen, viel dazu bei, dass Ihr Vierbeiner zuverlässig zu Ihnen kommt. Setzen Sie sie Ihrem Typ Hund entsprechend ein. Überlegen Sie vorher genau, welche Gesten und Bewegungen auf Ihren Hund so wirken, dass er gern und direkt kommt, und welche womöglich das Gegenteil bewirken könnten.

Souveränität

Das ist ein weiteres wichtiges Puzzleteil für das Kommen. Denn nur wenn Ihr Hund Sie ernst nimmt und als Teamchef respektiert, wird er »einsehen«, dass er zu Ihnen kommen muss, wenn Sie das wollen. Verhalten Sie sich ihm gegenüber daher stets souverän, beständig und klar. Seien Sie außerdem im Training konsequent, und halten Sie Regeln im Zusammenleben ein. So geben Sie Ihrem Hund Sicherheit und Geborgenheit, und er wird Ihnen vertrauen.

Belohnen

Vor allem während der Lernphase muss es sich für Ihren Hund immer rentieren, zu Ihnen zu kommen. Belohnen Sie den Vierbeiner daher mit etwas, was er sehr gern mag und wofür er andere Dinge möglichst links liegen lässt.

Rückruf-Training

Die Theorie ist geschafft, und Sie wissen nun, was es zu beachten gilt, damit der Hund Ihr Rückrufsignal auch wirklich einzuordnen weiß. Mit einem sorgfältigen Übungsaufbau und einer vertrauensvollen und artgerechten Mensch-Hund-Beziehung kann in der praktischen Umsetzung jetzt so leicht nichts mehr schiefgehen.

Ein paar Worte zuvor

Ob Sie den Rückruf mit einem Welpen oder bereits erwachsenen Hund trainieren, hat keinen Einfluss auf den Übungsaufbau. Er ist in beiden Fällen gleich. Doch bei der Durchführung der Übung sollten Sie folgende Unterschiede bedenken.

Welpe Er ist noch leicht beeinflussbar, ausbildungsmäßig im »Rohzustand«, und er registriert seine Umwelt zunächst nur innerhalb eines relativ kleinen Radius um sich herum.

› Welpen lernen bis zur 16. Lebenswoche sehr nachhaltig. Das Gelernte festigt sich besonders gut. Das gilt aber auch für Fehlverknüpfungen.

› Das Konzentrationsvermögen von Welpen ist begrenzt. Lassen Sie sich daher beim Üben viel Zeit, damit der Welpe nicht überfordert wird.

Erwachsener Hund Er ist kein unbeschriebenes Blatt mehr und hat bei Ihnen oder einem eventuellen Vorbesitzer aus vielen Erfahrungen gelernt.

› Der erwachsene Hund hat einen größeren »Weitblick«, registriert also auch deutlich weiter entfernte und mehr Dinge als ein Welpe.

› Kennt der Vierbeiner das Hörzeichen bisher nur diffus, hatte er oft Erfolg im Ignorieren desselben oder hat er unter Umständen das Kommen sogar negativ verknüpft, dann ist das Training meist etwas aufwendiger.

Überlegen Sie vor dem Training genau, wie Sie die Situation idealerweise aufbauen, und checken Sie ab, welche Störfaktoren dabei unter Umständen auftreten könnten und wie Sie diese ausschalten, damit der Hund fehlerfrei lernen kann.

Ist das Rückrufsignal erfolgreich konditioniert, kommen Ablenkungen hinzu, denn der Vierbeiner muss lernen, dass Sie es auch dann ernst meinen mit dem Kommen, wenn ihn etwas anderes sehr viel stärker interessiert.

Welcher Typ ist Ihr Hund?

Hunde sind sehr unterschiedlich. Manche machen es einem wirklich leicht, andere fordern die Fähigkeiten ihres Zweibeiners deutlich mehr.

Der menschenbezogene, führige Hund

Mit einem Hund, der von sich aus die Aufmerksamkeit auf Sie richtet und nie etwas infrage stellt, haben Sie es ziemlich einfach. Ist das Rückrufsignal konditioniert, lässt er sich kaum ablenken und wird Ihnen praktisch aufs Wort gehorchen. Doch auch er braucht eine klare Führung, da er immer bemüht ist, zu erkennen, was sein Mensch möchte.

Das Rückruf-Training mit einem eigenständigen Hund wie einem Afghanen fordert den Halter mehr als das Üben mit einem führigen Vierbeiner.

Der unsichere Hund

Unsichere oder ängstliche Hunde reagieren auf viele Situationen im normalen Alltag gestresst.

Unsichere Hunde Sie lassen sich meist gut rufen, denn letztlich sind sie froh, wenn sie in der Nähe ihres Zweibeiners sind. Auch diese Hunde brauchen einen souveränen Menschen, der ihnen Sicherheit und Vertrauen vermittelt.

Ängstliche Hunde Schwierig wird es, wenn ein Hund panisch flüchtet. Denn selbst ein ideal konditioniertes Rückrufsignal funktioniert bei Angst oft nicht. In diesem Zustand ist der Vierbeiner kaum ansprechbar. Rufen Sie ihn daher in einer kritischen Situation rechtzeitig. Welche Distanz zur »Gefahr« nötig ist, hängt vom jeweiligen Hund ab. Gegebenenfalls ist es besser, einen sehr ängstlichen Vierbeiner an einer Automatikleine zu führen.

Wichtig Bleiben Sie entspannt, und signalisieren Sie Ihrem Hund dadurch, dass es keinen Anlass für unsicheres oder panisches Verhalten gibt. Zudem sollten Sie mithilfe eines erfahrenen Hundetrainers an den angstauslösenden Situationen arbeiten.

Der eigenständige Hund

Interessiert sich Ihr Verbeiner unterwegs nicht für Sie? Ist er sich auch zu Hause selbst genug? Um ihm das Kommen schmackhaft zu machen, sind Sie stärker gefordert. Es klappt dennoch, wenn Sie Folgendes beachten:

› Gehen Sie mit »Bespaßung« und Streicheleinheiten sparsam um. Diese werden dem Hund sonst bald lästig, und damit werden auch Sie für ihn nur noch uninteressanter.
› Gehen Sie auf Aufforderungen des Hundes möglichst wenig ein.
› Achten Sie darauf, dass er möglichst wenig Beschäftigung hat, die ihm ohne Sie Spaß macht.
› Finden Sie heraus, was für ihn eine Superbelohnung ist, damit Sie ihn motivieren können.
› Führen Sie die Handfütterung (→ Seite 24) ein. Rufen Sie den Hund aber nicht zu oft, denn selbst die tollste Belohnung verliert sonst bei einem eigenständigen Hund schnell ihren Reiz.

Der jagdlich motivierte Hund

Bei ausgeprägtem Jagdinstinkt ist zuverlässiges Kommen eine echte Herausforderung. Zwei Dinge sind besonders wichtig:

Den Hund rechtzeitig rufen »Rechtzeitig« heißt, den Hund spätestens dann zu rufen, wenn erste Anzeichen darauf hindeuten, dass er etwas wahrgenommen hat. Diese sind eine gespannte Körper- oder nur Ohrenhaltung, kurzes Erstarren in der Bewegung, intensives Schnüffeln am Boden oder »Scannen« der Umgebung. Rufen Sie den Hund nicht erst, wenn er schon durchgestartet ist. Jeder Jagdtrip, auch ohne Beute, macht Lust auf mehr.

Den Hund passend belohnen Bei Ihnen erwartet ihn eine sehr reizvolle Alternative. Statt eines Futterhappens ist für viele jagdlich passionierte Hunde eine fliegende Ersatzbeute oder ein Zerrspiel ein größeres Highlight (→ Seite 23). Sie können aber auch die Handfütterung (→ Seite 24) einführen oder mit der Schleppleine (→ Seite 25) arbeiten. Solange Ihr Hund nicht zuverlässig hört, lassen Sie ihn in wildreichen Gebieten an der Leine.

Richtig reagieren je nach Hundetyp

TIPPS VON DER HUNDE-EXPERTIN **Katharina Schlegl-Kofler**

Nicht nur Hunde sind unterschiedlich, auch wir Zweibeiner sind nicht alle gleich. Doch immer muss sich der Mensch individuell auf seinen Typ Hund einstellen.

GEMÜTLICH Ein gemütlicher Hund kommt, auch wenn er gut gehorcht, unter Umständen generell nur in gemütlichem Tempo, reagiert dafür aber oft auch nicht so stark auf Ablenkungen. Bei diesem Hundetyp muss der Mensch nicht so rasch reagieren, kann also auch gemütlich sein. Manchmal kann es ausreichen, wenn der Hund auf das Rückrufsignal zu seinem Zweibeiner kommt, ohne dort sitzen zu müssen, weil er eh dort bleibt.

AKTIV Ein reaktionsschneller, temperamentvoller Hund kommt bei gutem Gehorsam zwar in hohem Tempo, ist aber gegebenenfalls auch schnell weg. Hier muss der Mensch aufmerksam und ebenfalls reaktionsschnell sein. Denn er muss rasch im richtigen Moment reagieren. Der Hund sollte auf jeden Fall nach dem Ankommen bei seinem Menschen sitzen. Ein gemütlicher Zweibeiner muss hier an sich arbeiten.

Futterhappen und Spielzeug richtig einsetzen

Ihr Vierbeiner wird unmittelbar, wenn er bei Ihnen angekommen ist, belohnt. In der Phase, in der er das Kommen lernt, gibt es stets eine Belohnung, damit sich das rasche, direkte Kommen festigt. Wenn das klappt, belohnen Sie ab sofort variabel. Es gibt nicht mehr nach jedem befolgten Rückruf etwas, aber zum Beispiel, wenn der Hund besonders schnell herkommt oder wenn er sich aus einer ablenkungsintensiven Situation abrufen lässt.

Exklusivität der Belohnung Warum soll sich der Hund für einen Happen, das Futterdummy oder seinen Lieblingsball anstrengen, wenn er diese Dinge auch bekommt, ohne etwas dafür zu tun? Leckerchen gibt es deshalb ab sofort nicht einfach so, und Belohnungsspielzeug oder Futterdummy sind außerhalb der Übungszeiten weggeräumt.

1 Verstauen Sie die Leckerchen so in der Tasche, dass Sie sie bei Bedarf rasch herausholen können. Nur dann belohnen Sie im richtigen Moment.

2 Bei der Handfütterung muss sich der Hund im Lauf des Tages seine Futterration nach und nach durch Kooperation mit Ihnen verdienen und erarbeiten.

Futter als Belohnung

Der Vierbeiner bekommt den Happen in der Anfangszeit des Trainings in dem Moment, in dem er bei Ihnen angekommen ist. Dazu sollten Sie die Happen in mundgerechten Stückchen im richtigen Moment parat haben. Denn müssen Sie erst danach kramen oder sie zerteilen, wird der Hund letztlich für das belohnt, was er dann macht: Vielleicht schnüffelt er gerade am Boden – sofern er überhaupt noch bei Ihnen ist ... Verstauen Sie die Happen so, dass Sie sie mit einem Griff rasch aus der Tasche holen können (→ Seite 24).

So gehen Sie richtig vor Ihr Vierbeiner soll auf Ruf ganz dicht zu Ihnen kommen. So haben Sie ihn unter Kontrolle. Damit er das tut, bekommt er die Belohnung auch nur dicht bei Ihnen. Lassen Sie die Hand also direkt an Ihrem Körper.

Zu Beginn des Trainings locken Sie den Hund falls nötig noch mit Futter, indem Sie es ihm zeigen. Im fortgeschrittenen Stadium holen Sie den Happen erst aus der Tasche, wenn der Vierbeiner schon fast bei Ihnen ist. Er soll nicht nur dann kommen, wenn Sie ihn mit Futter in der Hand bestechen.

Fliegender Ball als Belohnung

Ihr Hund liebt es, seinem fliegenden Ball (oder etwas Ähnlichem) hinterherzurennen? Dann räumen Sie den Ball weg und setzen ihn nur noch als Belohnung für das Kommen ein. Auch andere Spielzeuge sollten Sie nicht mehr werfen, damit das fliegende Objekt etwas Besonderes bleibt. Außerdem wäre es nicht gut, dem Hund außerhalb der Rückrufübung zu erlauben, hemmungslos einem sich bewegenden Objekt hinterherzuhetzen.

So gehen Sie richtig vor Üben Sie zunächst ohne jegliche Ablenkung. Rufen Sie den Hund, und halten Sie den Ball mit gespannter Körperhaltung vor sich. Ihre Beine sind leicht gegrätscht.

Kurz bevor der Hund bei Ihnen ist, werfen Sie den Ball durch Ihre Beine gerade nach hinten, alternativ direkt an Ihrer Seite vorbei nach hinten.

Der Hund darf dem Ball hinterherrennen – idealerweise ebenfalls durch Ihre Beine oder aber entsprechend an Ihrer Seite vorbei. Er muss den Ball nicht bringen, sondern kann auch noch ein Weilchen damit spielen, sollte aber von sich aus einigermaßen in Ihrer Nähe bleiben.

Ist der Rückruf konditioniert, werfen Sie nicht mehr bei jedem Kommen den Ball. Stattdessen kombinieren Sie nun das Sitzen dazu. Heben Sie den Ball bis etwa auf Höhe Ihrer Brust hoch, sobald der Hund knapp vor Ihnen ist. Der Hund bremst und setzt sich automatisch, weil er zum Ball hochblickt. Sie lassen den Ball nun einfach fallen, und der Hund darf ihn fangen.

1 Das Belohnungsspielzeug wird anfangs »aufreizend« und knapp über dem Boden gehalten. Dies verspricht dem Hund ein Highlight beim Zweibeiner.

2 Beim Menschen angekommen, darf der Hund die »Beute« erwischen, es folgt ein tolles Zerrspiel. Je nach Hundetyp sind meist Sie der Sieger.

3 Klappt das Rückrufsignal schon gut, bauen Sie das Sitzen ein. Halten Sie das Spielzeug hoch, sobald der Hund bei Ihnen ist. Er sitzt und darf es fangen.

Zerrspiel als Belohnung

Ist für Ihren Vierbeiner ein Zerrspiel das Tollste, steht es ab sofort nur noch in Verbindung mit dem Rückruf-Training auf dem Plan.

So gehen Sie richtig vor Rufen Sie den Hund, und halten Sie das Ziehtau (oder etwas Ähnliches) mit der gleichen Körperhaltung wie oben den Ball. Ist der Hund fast bei Ihnen angekommen, bewegen Sie Ihre Hand nach unten und ziehen das Spielzeug ruckartig ein paar Mal über den Boden. Jetzt darf Ihr Vierbeiner das eine Ende »erbeuten« und ein Zerrspiel mit Ihnen liefern. Mal darf er das Spielzeug behalten, überwiegend aber bleiben Sie Sieger. Tauschen Sie den Gegenstand gegen ein Leckerchen, falls Ihr Hund noch kein Hörzeichen für das Abgeben kennt. Wie im Falle des Balls können Sie später auch hier auf die gleiche Weise das Sitzen dazu kombinieren.

Nützliche Übungen fürs Rückruf-Training

Eine wichtige Voraussetzung für zuverlässiges Herkommen ist bereits gegeben, wenn Ihr Vierbeiner grundsätzlich gut auf Sie achtet. Ist er nicht der Typ, der Sie von sich aus »anhimmelt«, helfen gezielte Übungen, seine Aufmerksamkeit zu fördern (→ rechts).

Wichtig ist außerdem, dass der Ablauf der Rückrufübung stets gleich ist. Das heißt, der Hund muss immer ganz nah zu Ihnen herankommen, sich vor Sie setzen und anschließend an Ihre Seite gehen. Denn wenn Sie nach einiger Zeit nachlässig werden und es Ihnen irgendwann sogar genügt, dass der Hund überhaupt einigermaßen in Ihre Richtung läuft, dürfen Sie sich nicht wundern, wenn er schließlich nur noch unzuverlässig herbeikommt. Schnell heißt es dann: Der Hund gehorcht nicht. Dabei kann er gar nichts dafür. Sie haben es ihm ja nicht anders signalisiert.

Als Vorbereitung für den eigentlichen Rückruf trainieren Sie die folgenden Übungen einige Male pro Tag. Die Aufmerksamkeit unterwegs üben Sie mit dem Welpen idealerweise einmal am Tag (mehr Spaziergang braucht der Kleine nicht), mit dem älteren Hund bei jedem Spaziergang.

Die Hand mit Happen liegt auf einer Linie mit Ihrem Gesicht. So fällt dem Hund der Blickkontakt leicht.

Blickkontakt aufnehmen mit »Schau«

Der Hund lernt, dass es sich lohnt, Blickkontakt zu Ihnen aufzunehmen und zu halten. Denn schaut er Sie an, kann er seine Aufmerksamkeit nicht auf etwas anderes richten. Um dies zu lernen, muss sich der Blickkontakt für ihn lohnen. Als Hörzeichen verwenden Sie beispielsweise »Schau«. Weniger geeignet ist es, den Namen des Hundes zu nennen, weil man ihn damit meist auch in vielen anderen Situationen anspricht.

So gehen Sie vor Der Hund befindet sich in ruhiger und gewohnter Umgebung angeleint bei Ihnen.

› Halten Sie ein Leckerchen unauffällig in der Hand – ungefähr in Höhe Ihres Brustkorbs und dicht

Zwei unangeleinte Vierbeiner treffen sich. Die beiden können Kontakt aufnehmen und sich beschnüffeln. Die Halter gehen einfach weiter.

Hat Ihr Hund gelernt, sich unterwegs an Ihnen zu orientieren, wird er Sie auch jetzt im Auge behalten und Ihnen nach kurzer Zeit von sich aus folgen.

am Körper. Nun schnalzen Sie beispielsweise mit der Zunge. Ihr Hund wird Sie jetzt gespannt ansehen. Ob er dabei sitzt, liegt oder steht, ist egal. Viele Hunde setzen sich dabei aber von selbst, weil sie dann besser nach oben sehen können. Nach einem kurzen Moment der Spannung geben Sie ihm den Happen. Er muss Sie dabei immer noch ansehen!

› Haben Sie das einige Male gemacht, sagen Sie in dem Moment, in dem er Sie ansieht, »Schau«. Anschließend belohnen Sie ihn.

› Ihr Vierbeiner hat das Signal verstanden, wenn er Sie nur auf Ihr »Schau« – ohne ein vorausgehendes Geräusch – sofort aufmerksam ansieht. Ist das der Fall, dehnen Sie den Zeitraum zwischen dem »Schau« und dem Geben der Belohnung zunehmend aus, damit Ihr Hund lernt, sich immer länger auf Sie zu konzentrieren.

› Klappt das, üben Sie auch unter – zuerst geringer – Ablenkung, zum Beispiel wenn Ihre Kinder in der Nähe am Tisch sitzen und sich unterhalten oder wenn Spaziergänger in einiger Entfernung an Ihnen vorbeigehen. Erhöhen Sie den Grad der Ablenkung nur dann, wenn die Stufe davor auch zuverlässig funktioniert.

› Belohnt wird variabel und auf unterschiedliche Art. So ist beispielsweise auch die Erlaubnis zum Loslaufen nach dem Ableinen eine Belohnung für den stets vorher aufgenommenen Blickkontakt. Nicht vergessen: Die Erlaubnis zum Loslaufen kommt, noch während der Hund Sie ansieht.

Wichtig Beherrscht Ihr Hund die Übung prinzipiell, reagiert aber zwischendurch mal nicht auf Ihr Signal, fordern Sie sofort seine Aufmerksamkeit ein. »Knurren« Sie ihn an, stupsen Sie ihn zum Beispiel mehr oder weniger deutlich mit dem Finger oder schubsen Sie ihn kurz. Passen Sie diese Einwirkung jedoch dem Naturell Ihres Hundes an!

Aufmerksamkeit unterwegs fördern

Ein Hund, der bereits die Erfahrung gemacht hat, dass sein Mensch plötzlich weg ist, wenn er ihn nicht im Auge behält, wird auch das Rückrufsignal

von Anfang an ernster nehmen. Außerdem wird sich sein Aktionsradius dadurch in engeren Grenzen halten, sodass er besser in Ihrem Einwirkungsbereich bleibt. Auch das hat positiven Einfluss auf den zuverlässigen Rückruf.
Trainieren Sie die Aufmerksamkeit schon mit dem Welpen, sobald er sich etwa eine Woche bei Ihnen eingewöhnt hat. Aber auch einem älteren Vierbeiner können Sie noch beibringen, dass er sich besser auf Sie konzentriert.

So üben Sie mit dem Welpen Bringen Sie ihn in unbekanntes und ungefährliches Gelände, und leinen Sie ihn ab. Nun gehen Sie los, anfangs können Sie ihn mit spannender Stimme locken. Gehen Sie nicht zögerlich, sondern souverän. Ändern Sie immer mal wieder die Richtung, ohne etwas zu sagen. Lassen Sie den Welpen nicht vorauslaufen. Beginnt er zu überholen, kehren Sie zügig um. Wird er hinter Ihnen langsamer, weil er schnüffeln möchte, werden Sie etwas schneller bzw. entschlossener im Schritt. Biegt er zur Seite ab, gehen Sie zügig in die entgegengesetzte Richtung.
Diese Bindungsspaziergänge dauern, je nach Alter des Kleinen, zwischen 5 und 15 Minuten.

So üben Sie mit dem älteren Hund Beim älteren Hund funktioniert es im Prinzip genauso. Allerdings gehen Sie dabei flotter. Achten Sie unbedingt darauf, dass Sie entschlossen und sicher wirken! Sie wissen ja, dass die Körpersprache sehr wichtig ist. Ihr Vierbeiner darf ruhig ein Stück vorauslaufen – es sei denn, er ist sehr eigenständig. Dann machen Sie es zunächst so wie mit einem Welpen. Ändern Sie immer wieder mal und unangekündigt Ihre Richtung. Kehren Sie um, biegen Sie in den Wald oder auf einen anderen Weg ab. Machen Sie das aber, bevor der Hund den Aktionsradius, den Sie ihm zugestehen, verlässt. Wenn nötig, verste-

Sein Mensch hat sich versteckt. Verunsichert sieht sich der Hund nach ihm um. Künftig wird er ihn besser im Auge behalten!

Richtig üben leicht gemacht

LANGEWEILE VERMEIDEN Üben Sie nach Möglichkeit mehrmals täglich, aber verlangen Sie die gleiche Übung von Ihrem Hund nicht mehr als zweimal hintereinander. Sonst wird es dem Vierbeiner und auch Ihnen langweilig.

START UND ENDE BEACHTEN Beginnen und beenden Sie das Training immer mit einer Übung, die Ihr Hund schon gut kann. Achten Sie dabei auf einen kontinuierlichen Aufbau.

ÜBUNGSPLÄTZE WECHSELN Sobald Ihr Vierbeiner verstanden hat, worum es geht, trainieren Sie an unterschiedlichen Orten, sonst verbindet er eine Übung lediglich mit einer bestimmten Umgebung oder Situation.

cken Sie sich. Findet Ihr Hund Sie nicht gleich, lassen Sie ihn zunächst etwas »zappeln«. Er darf ruhig leichtes »Nervenflattern« bekommen, bevor Sie ihm helfen, indem Sie ein Geräusch machen.
Ihre Spaziergänge sollten so lange in der beschriebenen Weise ablaufen, bis Sie sich nicht mehr entfernen können, ohne dass Ihr Hund es merkt. Sehr eigenständige oder phlegmatische Hunde lassen sich dabei aber schon mal mehr Zeit.

Ablenkungen einbauen Beim Welpen wie beim älteren Hund beginnen Sie mit dem Training in einem Gebiet ohne jegliche Ablenkung. Erst wenn Sie feststellen, dass Ihr Vierbeiner Sie gut im Auge behält, verlegen Sie den Spaziergang in ein wenig belebtes Gelände. Im Folgenden stelle ich Ihnen ein paar Möglichkeiten vor, wie Sie bei einer Ablenkung richtig reagieren können.

› Eine »Ablenkung«, zum Beispiel in Form eines Joggers, kommt Ihnen entgegen, Ihr Hund hat diese gerade registriert: Kehren Sie flott um und gehen Sie weg. Was tut Ihr Hund? Folgt er? Sehen Sie sich nur unauffällig nach ihm um, und werden Sie nicht langsamer oder zögerlich! Ihr Hund wird schließlich zu Ihnen kommen, falls die Bindung stimmt und er gewohnt ist, von sich aus Anschluss zu halten.

› Sie treffen auf einen unangeleinten Hund: Gehen Sie betont zügig weiter. Ihr Hund wird Ihnen nach kurzem Kontakt mit dem Artgenossen folgen – wieder vorausgesetzt, er weiß, dass Sie weg sind, wenn er nicht Anschluss hält.

› Sie gehen mit einem anderen Hundehalter spazieren, während beide Vierbeiner gemeinsam laufen: Kehren Sie allein einfach mal um. Bei richtigem Aufmerksamkeitstraining wird Ihr Hund bald merken, dass Sie eine andere Richtung eingeschlagen haben, und Ihnen folgen.

Gehört Ihr Hund zu den sehr selbstständigen Typen (→ Seite 30), können Sie neben dem unangekündigten Richtungswechsel mit zusätzlicher Handfütterung (→ Seite 24) erreichen, dass er noch besser auf Sie achtet.

Bindungsspaziergänge haben dann den größten Effekt, wenn Sie insgesamt hundegerecht mit Ihrem Vierbeiner umgehen (→ Seite 12/13).

Lassen Sie Ihren Hund nach dem Herkommen sitzen. So haben Sie ihn besser unter Kontrolle. Denn vom Stehen zum Loslaufen ist es nur ein kleiner Schritt.

Das Sitzen üben

Meist rufen Sie Ihren Hund, um ihn von etwas fernzuhalten. Dann ist es wichtig, dass er anschließend auch bei Ihnen bleibt. Dazu lassen Sie ihn am besten sitzen. Dies ist eine recht einfache Übung, die Hunde im Nu können.

So gehen Sie vor Halten Sie Ihrem Hund einen Happen knapp über den Kopf (nicht vor die Nase!).

› Er wird versuchen, das Leckerchen zu erreichen. Vielleicht springt er hoch oder beginnt zu jammern. Halten Sie die Hand ruhig und schließen Sie sie, sodass der Vierbeiner den Happen nicht vorzeitig erwischen kann.

› Warten Sie ab, denn irgendwann setzt sich der Hund von selbst. Erst jetzt sagen Sie »Sitz« und geben ihm die Belohnung. Nach wenigen Tagen hat Ihr Hund das Sitzen mit dem Hörzeichen verknüpft und wird sich auf Ihr »Sitz« sofort setzen.

› Nun beginnen Sie, die Dauer zu erhöhen. Ihr Vierbeiner bekommt den Happen nicht, sobald er sitzt, sondern erst, wenn er anfangs einige Momente, dann allmählich bis zu einigen Minuten bei Ihnen sitzen geblieben ist.

› Wie bei allen Übungen trainieren Sie auch hier zunächst ohne jegliche Ablenkung, dann mit zunehmend stärkerer. Denn Ihr Vierbeiner soll sich auch, nachdem er bei Ihnen angekommen ist und sitzt, von nichts ablenken lassen.

»Hier« und »Sitz« nicht zu früh kombinieren Voraussetzung ist, dass das Rückrufsignal

An die Seite holen: Der Hund steht vor Ihnen. Halten Sie ihm nun einen leckeren Happen vor die Nase.

Wenn er daran »klebt«, führen Sie ihn wie an einer unsichtbaren Leine an Ihrer Seite ein Stück nach hinten.

ausreichend konditioniert ist (→ Seite 11) und der Hund unabhängig davon das Sitzen gelernt hat. Würden Sie von Anfang an darauf bestehen, dass der Hund nach dem Kommen vor Ihnen sitzt, verginge zwischen der Ankunft bei Ihnen und dem Sitzen zu viel Zeit, und Ihr Vierbeiner bekäme den Belohnungshappen letztlich für das Sitzen, aber nicht mehr für das Kommen.
Außerdem würde es für den Hund eine Form von »Zwang« darstellen, wenn Sie in diesem Stadium das Sitzen vom Hund mehrmals und womöglich noch mit ungeduldiger und »strenger« Stimme fordern. Dieser Zwang kann sich dann auch hemmend auf das freudige Kommen auswirken, wenn der Hund beides – Kommen und Sitzen – noch nicht sicher genug beherrscht.

Nun leiten Sie den Hund in einem Bogen nach innen an Ihre Seite. Anfangs geben Sie erst dann Ihr Hörzeichen, etwa »Fuß«, mit der Zeit immer früher.

An die Seite kommen

Ihr Vierbeiner sitzt nach dem Rückruf vor Ihnen. Sie möchten jetzt weitergehen. Je nach Situation dürfte der Hund nun mal wieder loslaufen, mal bei Ihnen bleiben – mit oder ohne Leine. Solange er vor Ihnen sitzt, können Sie aber schlecht weitergehen. Deshalb nehmen Sie ihn zuerst an die Seite, auf der Sie ihn normalerweise bei Fuß führen. Ist Ihr Vierbeiner diesen Ablauf gewöhnt, wird er nach dem Kommen und Vorsitzen nicht gleich wieder auf dem Sprung sein, weil er sich noch länger auf Sie konzentrieren muss. Trainieren Sie auch diese Übung zunächst getrennt vom Rückruf.

So gehen Sie vor Nehmen wir an, Sie möchten Ihren Hund an Ihre linke Seite holen.

› Stellen Sie sich vor Ihren sitzenden oder stehenden Hund. Dann nehmen Sie ein Häppchen in die linke Hand und halten es ihm vor die Nase. Nun führen Sie den Hund mithilfe des Happens an Ihrer linken Seite entlang zunächst nach hinten und dann in einem Bogen nach innen an Ihr linkes Bein. Dort muss er sich wieder setzen.

› Als Hörzeichen wählen Sie dasselbe, welches Sie für das Bei-Fuß-Laufen verwenden.

› Zu Beginn des Trainings nennen Sie das Signal erst, während der Hund im Bogen an Ihr Bein kommt. So hat er nach etlichen Wiederholungen das Hörzeichen fürs Bei-Fuß-Gehen mit dem Inhalt »Komm an meine Seite« verknüpft.

› Nun geben Sie das Hörzeichen immer früher, also zunächst wenn der Hund schon auf der Hälfte des Weges an Ihre Seite ist, dann noch eher. Letztlich muss er aus dem Sitzen vor Ihnen auf Ihr Signal hin an Ihre Seite kommen und sich dort wieder setzen.

› Die Leckerchenhilfe bauen Sie allmählich wieder ab. Die Handbewegung können Sie als Sichtzeichen beibehalten. Belohnen Sie nun variabel und erst, wenn der Hund wieder an Ihrer Seite sitzt.

Das Komm-Signal drinnen und draußen trainieren

Achten Sie von Anfang an auf einen exakten Aufbau der Übung. Wichtig ist, dass der Hund auf Ihren Ruf immer auf direktem Weg zu Ihnen kommt. Üben Sie in den ersten Tagen bei jeder Fütterung (Welpen) und bei Extra-Lektionen am Futterplatz (älterer Hund) mit Häppchen. Ihr Hund kennt Zeit, Futterplatz und das Drumherum, ist schon auf die Situation fokussiert und positiv eingestimmt. Üben Sie den Rückruf drei- bis fünfmal täglich.

In der Welpengruppe wird die Komm-Übung so gestaltet, dass sie trotz Ablenkung klappt.

»Hier« als Highlight drinnen üben

Sie bereiten das Futter zu, ein Familienmitglied hält den Hund währenddessen zwei bis drei Meter entfernt von Ihnen wortlos fest. Sein Drang, zu Ihnen zu kommen, ist jetzt stark.

› Ist das Futter fertig, stellen Sie den Napf direkt vor sich auf den Boden, oder halten Sie einige Happen in der Hand. Gehen Sie bei kleinen Hunden und Welpen in die Hocke.

› Jetzt nennen Sie deutlich betont Ihr Signal, zum Beispiel »Hier«, oder pfeifen mit der Hundepfeife, gleichzeitig wird der Vierbeiner losgelassen. Er wird voller Begeisterung zu Ihnen kommen!

› Der Hund darf nun seinen Napf leeren oder bekommt die Happen aus Ihrer Hand. Loben Sie Ihren Vierbeiner zusätzlich mit der Stimme.

› Kommt er einige Tage immer freudig, verlegen Sie die Übung in andere Bereiche der Wohnung. So verknüpft er das Kommen nicht mit einem bestimmten Ort und einer speziellen Situation.

› Klappt die Übung, vergrößern Sie allmählich die Entfernung innerhalb der Wohnung. Der Vierbeiner muss auf Ihr Signal hin zu Ihnen drängen, bevor er losgelassen wird.

Hinweis Kommt Ihr Hund im Haus in irgendeiner anderen Situation direkt und freudig zu Ihnen, nutzen Sie auch solche Augenblicke spontan für das Training, und rufen oder pfeifen Sie. Nicht vergessen: Für solche Situationen sollten Sie stets einige Belohnungshappen in der Tasche haben!

Eine Person hält den Welpen fest, während Sie sein Futter bereithalten. So positiv gestimmt, wird er zu Ihnen drängen – und das Kommen lernen.

Ihr Signal ertönt, der Welpe wird losgelassen, kann seinem Drang nachgeben und kommt schnurstracks zu Ihnen. So wird Ihr Rückrufsignal zum Highlight!

Der Griff ans Halsband Noch während der Hund aus Ihrer Hand den Happen frisst, fassen Sie mit der anderen Hand seitlich oder von unten an Halsband oder Geschirr. So gewöhnt er sich an das Festhalten. Anschließend lösen Sie die Übung auf.

Den Schwierigkeitsgrad steigern

Nun wird der Hund zum Rufen nicht mehr festgehalten. Jetzt testen Sie, ob Ihr Vierbeiner das Signal schon verknüpft hat. Warten Sie einen Moment ab, in dem er sich mit nichts anderem beschäftigt, aber auch nicht schläft. Leckerchen haben Sie in der Tasche. Rufen Sie den Hund nun aus kurzer Entfernung mit einem souveränen »Hier«, und bewegen Sie sich eventuell rückwärts weg. Kommt er sofort, hat er das Signal verstanden. Geben Sie ihm beim ersten Mal mehrere Häppchen. Variieren Sie jetzt die Entfernung, aber bauen Sie noch keine Ablenkung ein. Kommt er nun aus jeder Ecke der Wohnung auf Ruf sofort zu Ihnen, gibt es meistens einen Happen, aber nicht mehr jedes Mal.

Tipps, damit das Training im Haus funktioniert

› Drängt der Hund, wenn er festgehalten wird, nicht zu Ihnen, halten Sie ihm mit spannender Stimme den leckeren Happen kurz dicht vor die Nase, entfernen sich dann möglichst schnell, drehen sich um, gehen in die Hocke und rufen ihn.

› Ist die Mahlzeit an sich kein Highlight für den Hund, verwenden Sie ausschließlich für das Rückruf-Training supertolle Leckerchen oder aber eine andere auf den Hund abgestimmte Belohnung (→ Seite 32/33). Üben Sie immer vor dem Füttern! Manche Welpen fressen in den ersten Tagen wegen der neuen Umgebung mäkelig. Dann üben Sie erst, wenn der Welpe wieder gern frisst.

› Wenn Sie eine Welpengruppe besuchen, sollten Sie darauf achten, dass dort der richtige Aufbau (→ Seite 34) des Rückrufs Pflichtprogramm ist.

› Bei großer Eigenständigkeit oder mangelnder Bindung des Hundes kombinieren Sie das Training von Anfang an mit der Handfütterung (→ Seite 24).

»Hier« und »Sitz« drinnen kombinieren

Sobald Ihr Hund »Sitz« kann und etwa eine halbe Minute ruhig neben Ihnen sitzen bleibt, kombinieren Sie es mit dem Kommen.

So gehen Sie vor Rufen Sie Ihren Vierbeiner wie gewohnt, und belohnen Sie ihn, sobald er bei Ihnen angekommen ist.

› Erst danach sagen Sie »Sitz«. Ihr Hund setzt sich nun vor Ihnen und wird auch dafür belohnt.

› Wenn sich der Hund fast automatisch nach dem Herkommen setzt, gibt es nur noch nach dem Sitzen eine Belohnung.

› Damit er mittig vor Ihnen sitzt, halten Sie Ihre Hände in etwa auf Bauchhöhe und klopfen sich ein paar Mal auf den Bauch, während der Hund unterwegs zu Ihnen ist. Hunde achten auf Bewegungen und werden davon »angezogen«.

› Sobald der Vierbeiner dicht bei Ihnen ist, sagen Sie, falls nötig, »Sitz«. Nun belohnen Sie ihn variabel, leinen ihn an und lösen die Übung auf.

Warum soll der Hund vor Ihnen sitzen? Dadurch ist der Blickkontakt zu der Stelle, von der Sie Ihren Hund weggerufen haben, unterbrochen. Aber auch wenn der Vierbeiner bereits bei Ihnen ist, kann ihn etwas Neues, etwa eine Katze, in seinen Bann ziehen. Bekommt er keine weitere konkrete Anweisung, tut er, was er will. Sitzt er auch noch mittig vor Ihnen, kann ihn auch nichts, was hinter Ihnen passiert, ablenken.

»Hier« mit »An die Seite kommen« kombinieren

Sobald Ihr Hund zumindest mithilfe von Belohnungshappen zuverlässig an Ihre Seite kommt (→ Seite 39), bauen Sie beim Kommen die Übung nach dem Vorsitzen ein.

Während der Welpe seine Belohnung frisst, greifen Sie mit der anderen Hand ans Halsband oder Geschirr – aber nicht von oben!

Rückruf **ohne Helfer üben**

Ist der Hund bei der Futterzubereitung schon bei Ihnen, können Sie so vorgehen:

VARIANTE 1 Rufen oder pfeifen Sie in dem Moment, in dem Sie den Napf dicht vor sich auf den Boden stellen.

VARIANTE 2 Bewegen Sie sich samt Napf in der Hand ein, zwei Meter rückwärts vom Hund weg, und geben Sie gleichzeitig das Rückrufsignal.

VARIANTE 3 Sperren Sie ihn aus, indem Sie die Tür schließen. Öffnen Sie diese zeitgleich mit dem Signal »Hier«. Das geht nur, wenn die Entfernung zwischen Tür und Napf kurz ist und Sie den Hund am Napf empfangen können. Denn er soll ja eigentlich zu Ihnen kommen.

Ist Ihr Hund sehr kooperativ, gehorsam und startet nicht wieder durch, spricht auch nichts dagegen, ihn nicht erst vorsitzen, sondern gleich direkt an Ihre Seite kommen zu lassen. Sie können das Vorsitzen aber auch später noch weglassen.

Den Rückruf draußen üben

Das Rückrufsignal funktioniert nun im Haus jedes Mal prompt. Mit einem Vierbeiner, der eine gute Bindung an Sie hat, können Sie den Rückruf draußen ohne Leine üben. Haben Sie einen älteren Hund erst seit Kurzem oder können Sie Ihren Vierbeiner aus anderen Gründen nicht frei laufen lassen, üben Sie mit einer langen Leine.

In ruhiger Umgebung trainieren Üben Sie draußen zunächst im Garten und/oder in verschiedenen ruhigen Gegenden. Durch andere Gerüche und fremde Geräusche als zu Hause ist so schon etwas Ablenkung gegeben.

› Laufen Sie beispielsweise rasch aus dem Haus in den Garten, und rufen Sie Ihren Hund zu sich, auch wenn er schon unterwegs ist. Rufen Sie ihn auch aus dem Garten ins Haus, aber noch aus kurzer Distanz und wenn er nicht abgelenkt ist. Genauso gehen Sie außerhalb des eigenen Gartens vor.

› Klappt der Rückruf auf kurze Distanz, erhöhen Sie die Entfernung. Wenn Sie sich gleichzeitig noch rückwärts wegbewegen, »beschleunigen« Sie Ihren Hund zusätzlich (→ Seite 21).

Souverän bleiben Achten Sie auf Ihre innere Haltung! Werden Sie nicht unsicher, wenn Sie das Rückrufsignal außerhalb des gewohnten Bereichs verwenden. Ihr Vierbeiner merkt das und verhält sich anders als gewünscht. Sie können ihn auch mit einem spannenden Geräusch kurz auf sich aufmerksam machen und rufen, wenn er zu Ihnen schaut. Bauen Sie diese Hilfe aber bald wieder ab.

Draußen gezielt Ablenkungen einbauen

Auch unter Ablenkung hält Ihr Hund unterwegs Anschluss, reagiert auf »Schau« (→ Seite 34) und kann neben Ihnen ruhig sitzen bleiben. Dann bauen Sie allmählich Ablenkungen beim Kommen ein.

Ist Ihr Hund sehr an Umweltreizen interessiert, ist mittiges Vorsitzen nützlich. So kann er sich gut auf Sie konzentrieren. Denn auch hinter Ihnen könnte ihn etwas locken.

Steigern Sie im Training den Grad der Ablenkung nicht zu schnell und nur schrittweise, damit Ihr Hund stets ohne Umwege zu Ihnen kommt.

Vor dem Training bedenken Planen Sie folgende Überlegungen in den Übungsaufbau ein:

› Wovon lässt sich Ihr Hund ablenken, und welche Ablenkungen sind reizvoll für ihn? Für die einen sind Mauselöcher das Höchste, für die anderen Kinder, wieder für andere Artgenossen.

› Auch die Intensität der Ablenkung variiert: Es gibt Wiesen mit vielen oder wenigen Mauselöchern, stehende oder laufende Kinder, Artgenossen, die ruhig neben ihrem Menschen sitzen oder stehen oder die mit ihm spielen.

› Eine leichte Ablenkung weiter weg stellt eine einfachere Situation dar als eine sehr reizvolle Ablenkung in der Nähe.

› Zudem ist der Rückruf einfacher, wenn der Hund auf dem Weg zu Ihnen an einer Ablenkung vorbeikommt, als wenn er sich auf Ihren Ruf hin von einer Ablenkung trennen muss, um zu Ihnen zu laufen.

So gehen Sie vor

Beginnen Sie mit der für Ihren Hund geringsten Ablenkung, und erhöhen Sie diese nur langsam. Zum Üben konstruieren Sie bestimmte Situationen oder nutzen entsprechende Möglichkeiten auf dem Spaziergang. Hier ein paar Vorschläge.

Beispiel Futternapf Rufen Sie den Hund am Futternapf vorbei: Der zunächst leere Napf (er zieht den Hund trotzdem an) steht auf dem Boden, etwa auf der Hälfte der Strecke zwischen dem Hund und Ihnen. Den Hund hält ein Helfer so fest, dass er auf dem direkten Weg zu Ihnen parallel im Abstand von mindestens zwei, drei Metern am Napf vorbeimuss. Nun rufen Sie Ihren Hund. Beobachten Sie ihn genau. Selbst wenn er unterwegs auch nur Richtung Napf schaut, laufen Sie ein Stück rückwärts weg und wiederholen, wenn nötig, Ihr Rückrufsignal. Leichter wird die Übung, wenn der Abstand zum Napf größer ist oder wenn Sie etwas seitlich versetzt stehen, sodass der Hund in schräger Linie am Napf vorbei zu Ihnen läuft. Üben Sie in der gleichen Weise mit dem futtergefüllten Napf. Alternativ ersetzen Sie den leeren Napf beispielsweise durch einen befreundeten Hundehalter mit ruhigem Hund, den gefüllten Napf durch den mit seinem angeleinten Hund spielenden Hundehalter. In diesem Fall sollten Sie aber den Abstand zur Ablenkung groß genug wählen!

Beispiel Menschen Ihr Hund läuft ein Stück hinter Ihnen, Sie nähern sich einer Parkbank mit Menschen. Gehen Sie bis zum Ende der Bank. Dann drehen Sie sich um und rufen Ihren Hund. Auch hier können Sie wie im obigen Beispiel den Abstand zur Parkbank variieren. Einfacher ist es für Ihren Hund, zu Ihnen zu kommen, wenn ihn niemand anspricht. Sehr schwer ist es dagegen für Ihren Hund, zu Ihnen zu kommen, wenn er kontaktfreudig ist und womöglich auch noch angesprochen wird. Schätzen Sie immer ab, was für Ihren Vierbeiner schon machbar ist.

Beispiel Artgenossen Lassen Sie Ihren Welpen oder verträglichen älteren Hund unangeleint Kontakt zu einem ebenfalls verträglichen, sich ruhig verhaltenden oder desinteressierten unangeleinten Artgenossen aufnehmen. Rufen Sie Ihren Hund nach einigen Momenten zu sich. Variieren Sie die Distanz zwischen sich und den Hunden.

Beispiel Spiel mit Artgenossen Die Übung wird sehr anspruchsvoll, wenn Sie Ihren Hund aus dem Spiel mit einem Artgenossen abrufen wollen. Kommt er zu Ihnen, obwohl der andere einen hohen Reiz darstellt, gibt es dafür eine Handvoll Happen oder eine adäquate Superbelohnung.

Rückruf in besonderer Situation Möchten Sie den Hund in einer Situation zu sich holen, in der der Rückruf Ihrer Einschätzung nach sehr wahrscheinlich noch nicht klappt, dann versuchen Sie nicht, ihn mit »Hier« zu sich zu rufen, sondern klatschen Sie in die Hände, oder tun Sie so, als hätten Sie etwas ganz Tolles gefunden. Gleichzeitig bewegen Sie sich weg. Erst wenn der Hund gezielt Kurs auf Sie nimmt und schon an der Ablenkung vorbei ist, nennen Sie nun deutlich Ihr Rückrufsignal.

Achten Sie darauf, im richtigen Moment zu handeln. Denn ist der Hund wie hier schon durchgestartet und womöglich bereits näher an der Ablenkung als bei Ihnen, wird der Rückruf schwierig.

Den Rückruf absichern

Meist kommt eines Tages eine Situation, bei der der Hund Ihren Rückruf ignoriert. Bevor Sie Ihren Vierbeiner jetzt korrigieren, müssen Sie absolut sicher sein, dass er den Rückruf in vergleichbaren Situationen bereits beherrscht hatte. Überprüfen Sie im Zweifelsfall zuerst, ob sich das Rückrufsignal auf niedrigerem Niveau schon durch genügend viele Wiederholungen gefestigt hat. Die Korrektur sollte nämlich die Ausnahme sein. Hört Ihr Hund öfter nicht, stimmt etwas mit dem Training oder mit der Mensch-Hund-Beziehung nicht.

Ignoriert er Ihren Ruf bewusst, korrigieren Sie den Hund mit einer passenden Einwirkung. Ein Handtuch, das neben ihm landet, kann schon reichen.

Wie Sie richtig korrigieren Stellt Ihr Vierbeiner seine Ohren wirklich auf Durchzug, haben Sie verschiedene Optionen:

› Laufen Sie weg und verstecken Sie sich. Hört er im Garten ausnahmsweise nicht – rasch rein ins Haus, Terrassentür zu und den Hund vor der Tür ein Weilchen schmoren lassen. Der plötzlich verschwundene Zweibeiner erzeugt bei vielen Hunden Unbehagen. Eine heilsame Erfahrung!

› Hat sich Ihr Vierbeiner an einer Duftmarke in Ihrer Nähe »festgesaugt«, gehen Sie rasch, stumm und unauffällig zu ihm. Nicht aber schon schimpfend und drohend, sonst ist der Überraschungseffekt dahin, und der Hund wird im ungünstigsten Fall rechtzeitig zur nächsten Duftmarke aufbrechen. Je nachdem, wie leicht oder schwer er zu beeindrucken ist, reicht »böses« Räuspern, Aufstampfen mit dem Fuß, ein Rempler oder ein beherzter Griff ins Fell. Unterbricht der Hund sein Tun, rufen Sie ihn sofort aus kurzer Distanz und loben ihn (wichtig!).

› Ist Ihr Hund etwas weiter entfernt »beschäftigt«, kann ein Schreckreiz helfen, die Aufmerksamkeit auf Sie zu lenken. Der Reiz muss so angepasst sein, dass der Hund sein Tun unterbricht und beeindruckt ist, jedoch nicht panisch reagiert. Eine milde Form ist ein verknotetes Handtuch, das Sie so werfen, dass es direkt neben ihm landet. Eine stärkere Wirkung hat eine kleine mit Steinen oder Ähnlichem gefüllte Schepperdose (nicht für geräuschempfindliche Hunde!). Zur Not tut es auch eine Handvoll Erde. Unterbricht er sein Verhalten, rufen Sie ihn sofort. Loben nicht vergessen!

Nützliche Tipps für den Rückruf

Damit Ihr Vierbeiner das Rückrufsignal zuverlässig beherrscht, ist Mitdenken und ein möglichst störungsfreier Übungsaufbau gefragt. Die folgenden Punkte helfen Ihnen, »beliebte« Fehlerquellen zu vermeiden.

Tut gut

- + Rufen Sie den Hund übungshalber hin und wieder zu sich, aber nicht zu oft.
- + Rufen Sie ihn unterwegs nicht immer an denselben Stellen, sondern mal hier, mal da, und verstecken Sie sich, falls nötig, nicht immer hinter demselben Baum, wenn der Hund nicht hört.
- + Bis der Vierbeiner das Rückrufsignal gut verstanden hat, sollte möglichst nur eine Person, am besten ein Erwachsener, mit ihm üben.
- + Klappt der Rückruf während der Lernphase nicht, nehmen Sie das kommentarlos zur Kenntnis und festigen ihn später unter kontrollierten Bedingungen noch einmal.

Besser nicht

- − Kennt Ihr Hund Ihr Rückrufsignal bereits, loben Sie ihn nicht, wenn er verspätet kommt oder in einem für ihn eher gemächlichen Tempo. Denn dann fehlt der Anreiz, flott zu kommen.
- − Verhindern Sie, dass Ihre Kinder den Hund im Alltag mit dem Rückrufsignal zu sich holen. Hört er nicht darauf, lernt er das Nicht-Kommen.
- − Gestalten Sie die Übung nicht schwieriger, solange sie auf dem Level davor noch nicht wirklich funktioniert hat.
- − Leinen Sie den Hund bei Ungehorsam nicht zur Strafe an und gehen so nach Hause. Er kann keinen Zusammenhang zu seiner »Missetat« herstellen.

Probleme richtig lösen

Kommt der Hund nicht auf Ruf, ist das lästig und kann zu gefährlichen Situationen führen. So mancher Halter ärgert sich und denkt: Wie wenig mein Hund heute wieder folgt! Doch meist sind Kommunikationsprobleme zwischen Hund und Mensch der Grund und nicht etwa bewusster Ungehorsam des Vierbeiners.

Hilfe, der Hund kommt nicht!

Was tun, wenn der Rückruf nicht klappt? Überlegen Sie zunächst: Reagiert der Hund schon länger nicht oder nicht mehr auf Ihr Rückrufsignal? Dann ist es auf alle Fälle ratsam, dass Sie sich ein völlig neues Signal überlegen und mit dem Training ganz von vorn beginnen (→ Seite 34). Dabei ist es natürlich wichtig, nicht wieder die gleichen Fehler zu machen. In diesem Kapitel lernen Sie häufige Fallstricke kennen. Sind Sie sich dieser bewusst, lassen sie sich relativ einfach vermeiden.

Wenn der alte Hund plötzlich nicht folgt

Ihr vierbeiniger Senior ist bisher stets auf Ihren Ruf hin zu Ihnen gekommen, und seit Neuestem macht er das nicht mehr? Dann kann es an seinem Alter liegen, denn auch bei Hunden lassen im Alter die Sinne nach. Möglicherweise ist sein Hörvermögen eingeschränkt, oder er hört gar nichts mehr. Mit Ungehorsam hat das also nichts zu tun. Hatte sich der Hund vorher immer an Ihnen orientiert, nahm von sich aus oft Blickkontakt zu Ihnen auf und neigte in keiner Situation zum »Durchstarten«, so können Sie ihm nun statt des Hör- ein Sichtzeichen beibringen. Dazu üben Sie wie gewohnt wieder zuerst zu Hause (→ Seite 40).

Als Signal ist eine optisch sehr deutlich erkennbare Geste nützlich, etwa eine ausholende Bewegung mit einem oder beiden Armen von außen zur Körpermitte. Vergessen Sie nicht, Ihren Hund mit etwas Supertollem zu belohnen, wenn er dieser Aufforderung gefolgt ist!

Bei nur vermindertem Hörvermögen Ihres Vierbeiners kombinieren Sie Ihr verbales Signal oder den Pfiff mit der Hundepfeife ab sofort jedes Mal mit dem Sichtzeichen.

Was sagen Sie dem Hund wirklich?

Wenn der Hund auf Ihr »Hier« oder auf Ihren Pfiff mit der Hundepfeife nicht zu Ihnen kommt, verwenden Sie vielleicht das Rückrufsignal so, dass er nicht verstehen kann, was Sie meinen. Begeben Sie sich jetzt auf Ursachenforschung!

Hörzeichen nicht richtig verknüpft

Wenn Ihr Hund das Kommando nicht ausführt, hat eventuell die Konditionierung nicht funktioniert.

Mögliche Ursachen

1 Gehen Sie davon aus, dass Ihr Hund die Bedeutung von Wörtern wie »Hier« oder »Komm« kennt? Dann rufen Sie ihn damit vielleicht schon von Anfang an und ohne jede Vorübung in jeder Situation. Für Ihren Hund hat das Signal aber keine Bedeutung, ähnlich wie für Sie ein Wort in einer fremden Sprache. Er kann es ohne Konditionierung nicht verknüpfen.

2 Passiert es häufiger, dass der Hund nach Ihrem Rückruf schon auf dem Weg zu Ihnen ist und dann doch noch abbiegt? Auch in diesem Fall hat er Ihr Signal nicht richtig mit dem Kommen verknüpft.

Abhilfen

1 Trainieren Sie die Übung am besten ganz von vorn mit einem anderen Signal.

2 Bevor Sie den Hund tatsächlich rufen, sollten Sie erst abschätzen, ob und welche Störfaktoren auf dem Weg zu Ihnen auftauchen könnten. Locken Sie ihn im Zweifelsfall zunächst nur mit spannender Stimme. Es ist besser, das Signal erst dann »nachzuschieben«, wenn er die kritische Stelle passiert hat und wirklich zu Ihnen unterwegs ist.

Hörzeichen im falschen Zusammenhang benutzt

Wenn Ihr Hund nicht zu Ihnen kommt, erwarten Sie vielleicht zu viel von ihm.

Mögliche Ursache Waren Sie zu experimentierfreudig und haben den Hund gerufen, als er zum

Ihr Hund lernt: Ankommen bedeutet Schimpfen. Also kommt er immer unzuverlässiger zu Ihnen.

Wenn Sie erst kurz den Rückruf üben, ist diese Situation zu schwierig. Der Hund hört Ihren Pfiff, kommt aber nicht. Das gefährdet den Aufbau.

Wird der Hund mit unterschiedlichen Signalen gerufen, womöglich noch von mehreren Familienmitgliedern, kann er das Kommen nicht lernen.

Beispiel gerade freudig Ihren Nachbarn begrüßt hat? Obwohl Sie gerade erst in Verbindung mit der Fütterung üben? In diesem Fall kann das Kommen noch gar nicht gefestigt sein. Sie rufen vielleicht mehrmals, während der Hund nicht reagiert. Er hört Ihr Signal nun einige Male, während er etwas ganz anderes tut. Je öfter das geschieht, desto weniger kann sich Ihr Rückrufsignal festigen.

Abhilfe Gehen Sie einige Arbeitsschritte zurück, und bauen Sie die Übung in kleinen Schritten auf. Rufen Sie den Hund grundsätzlich nicht in Situationen, in denen Sie von vornherein wissen, dass er (noch) nicht auf Sie hören wird. Holen Sie ihn stattdessen kommentarlos ab, oder nehmen Sie ihn vorher rechtzeitig an die Leine.

Ein ungenaues Hörzeichen gegeben

Der Erfolg bleibt auch aus, wenn das Signal zu »schwammig« ist.

Mögliche Ursachen

1 Verwenden Sie beim Heranrufen wirklich nur Ihr Rückrufsignal? Oder schweifen Sie in ausführliche Erklärungen und Aufforderungen ab? Verstecken Sie Ihr »Hier« in »ballastreichen« Sätzen? Der Hund kann dem Redefluss nichts Konkretes entnehmen und kommt nicht zu Ihnen. Ihre Stimme wird zum uninteressanten »Nebengeräusch«, auf das Ihr Vierbeiner nicht mehr reagiert.

2 Sagen Sie »Hier« oder »Komm« auch in einem anderen Kontext? Vielleicht »Hier, mach mal Sitz« oder Ähnliches? Oder kann es sein, dass Sie Ihren Hund mit seinem Namen rufen, wenn er kommen soll? Das klappt meist nicht, denn bedenken Sie, wie oft Ihr Hund in einem anderen Zusammenhang von der Familie und auch von Besuchern mit seinem Namen angesprochen wird.

Abhilfe Konzentrieren Sie sich in beiden Beispielen auf ein festes Signal für den Rückruf, benutzen Sie es ausschließlich dafür, und lassen Sie jeglichen Ballast weg. Bemühen Sie sich, nur das zu sagen, was für Ihren Vierbeiner wichtig ist – nämlich Ihr Rückrufsignal.

Tadeln für zu spätes Kommen

Tadeln an der falschen Stelle verhindert, dass Ihr Hund zügig zu Ihnen kommt.

Mögliche Ursache Ihr Vierbeiner kommt erst nach mehrmaligem Rufen, worüber Sie sich ärgern. Ist er dann endlich da, schimpfen Sie mit ihm. Doch Hunde verknüpfen Lob und Tadel mit dem zuletzt gezeigten Verhalten. Er wurde dafür geschimpft, dass er zu Ihnen gekommen ist. Die Folge ist, dass er sich in Zukunft noch mehr Zeit lassen wird.

Abhilfe Überdenken Sie zunächst die Situation. Hat diese Ihren Hund von seinem Ausbildungsstand her überfordert, dann festigen Sie das Rückrufsignal systematisch.

Beherrscht Ihr Hund aber das Kommen sicher, unterbrechen Sie das Verhalten, das er stattdessen zeigt, etwa Schnüffeln (→ Seite 20 und 46).

Lieber stoppen statt umkehren

Hat Ihr Hund etwas sehr Verlockendes gesehen, zum Beispiel einen Artgenossen oder eine Katze, dann ist das Herkommen eine große Leistung.

ALTERNATIVVERHALTEN Haben Sie Zweifel, ob er auf Ihren Rückruf wirklich umkehrt und zu Ihnen kommt, kann es einfacher sein, ihn stattdessen dort, wo er sich gerade befindet, sitzen oder ablegen zu lassen. Rufen Sie »Sitz« oder »Platz« statt Ihres Rückrufsignals. Gehorcht der Hund, gehen Sie zu ihm, loben ihn und behalten ihn bei sich. Für diese Alternative sollte er jedoch »Sitz« oder »Platz« sicher und auch unter Ablenkung beherrschen. Üben Sie dies während des Spaziergangs immer wieder mal ohne Ablenkung und anfangs auf kurze Entfernung.

Fehlende Souveränität

Ihr Hund kommt nicht prompt zu Ihnen, wenn Sie unsicher auftreten.

Mögliche Ursachen

1 Rufen Sie Ihren Vierbeiner mit aufgeregter, nervöser Stimme, oder haben Sie von vornherein Angst, dass er nicht zu Ihnen kommt? Macht Ihnen vielleicht ein anderer Hund Angst, der sich nähert? Dann wirken Sie durch Ihre Stimme und Körpersprache unsicher. Möglicherweise kommt er deshalb nicht herbei.

2 Rufen Sie Ihren Hund stimmlich und körpersprachlich gelangweilt, dann wirken Sie wenig daran interessiert, dass er wirklich kommt, weil Sie vielleicht gerade an etwas ganz anderes denken. Dann nimmt Ihr Hund Sie nicht ernst.

Abhilfe Bei beiden Beispielen gilt: Wenn Sie Ihrem Hund ein Signal geben, müssen Sie sich immer um ein sicheres Auftreten bemühen, sowohl was Körpersprache als auch Stimme betrifft.

Unbewusst anderes Hörzeichen trainiert

Auch unbewusste Konditionierung kann das Rückruf-Training beeinflussen.

Mögliche Ursache Ihr Hund kommt nicht auf Ihren Rückruf, aber sofort, wenn Sie etwa mit der Häppchendose klappern oder der Leckerchentüte rascheln? Dann haben Sie ihn unbewusst darauf konditioniert. Vermutlich hörte er, wenn er bei Ihnen angekommen war, stets dieses Geräusch, und anschließend bekam er sein Futter.

Abhilfe An sich ist es zwar gut, wenn Ihr Hund darauf hört. Aber Sie müssen immer diese Dose oder Tüte samt Leckerchen bei sich haben. Besser ist es, stattdessen »Hier« oder einen Pfiff zu etablieren. Sagen Sie das Wort oder pfeifen Sie ab sofort immer unmittelbar, bevor Sie mit der Tüte rascheln. Nach längerem Training verwenden Sie dann nur noch das neue Signal.

Hörzeichen zur falschen Zeit benutzt

Kommt Ihr Hund nicht zu Ihnen, sagen Sie das Signal vielleicht im falschen Moment (→ richtiges Timing, Seite 15).

Beispiel Das kommt so oder ähnlich oft vor, lässt sich aber auch auf andere Situationen übertragen: Ihr Hund nimmt weiter weg einen angeleinten Artgenossen wahr. Auch Sie sehen ihn. Ihr Hund bleibt stehen oder geht langsam und/oder angespannt weiter in Richtung Artgenosse, diesen immer fest im Blick. Sie werden nun auch langsamer, zögern und beobachten, was Ihr Hund tut. Sie möchten nämlich nicht, dass er dorthinläuft. Ihr Hund ist zunehmend »auf dem Sprung«, denn der Artgenosse kommt immer näher. Plötzlich gibt Ihr Hund Gas und läuft los. Jetzt rufen Sie ihn, aber er reagiert nicht. Sie laufen nun sogar in die andere Richtung weg. Ihr Hund folgt Ihnen trotzdem nicht und ist zwischenzeitlich schon beim anderen Hund angekommen.

Was ist schiefgegangen? Sie selbst wurden langsamer und warteten ab. Sie überlassen also Ihrem Vierbeiner die Entscheidung, und er trifft sie auch – er rennt los. Um einen Hund in vollem Lauf noch zur Umkehr zu bewegen, muss er sehr gehorsam und sehr gut ausgebildet sein. Sie laufen zwar richtigerweise weg und möchten ihn dadurch zusätzlich zum Kommen bewegen, doch das registriert er kaum mehr. Denn er ist ja fast am Ziel und hatte vorher Zeit, sich voll darauf zu konzentrieren.

Abhilfe Bei gutem Timing stehen Ihre Chancen wesentlich besser. Möchten Sie nicht, dass der Hund losstartet, dann rufen Sie ihn spätestens in dem Moment, in dem er den Artgenossen entdeckt hat. Beobachten Sie genau: Es zeigt sich bereits durch ein ganz leichtes Anspannen des Körpers. Möchten Sie zusätzlich noch weglaufen, tun Sie das gleichzeitig mit dem Rückruf. Je »wacher« und reaktionsschneller Ihr Hund ist, desto schneller müssen auch Sie reagieren.

In einer reizintensiven Situation ist das richtige Timing beim Rufen besonders wichtig, sonst ist es für das rechtzeitige Zurückkommen unter Umständen schnell zu spät.

Richtig reagieren bei unerwünschtem Verhalten

Die Probleme beim Rückruf sind unterschiedlicher Natur. Fehler schleichen sich oft schon zu Beginn des Trainings ein, können aber durchaus auch noch einem routinierten Mensch-Hund-Team passieren. Ungut ist es nicht nur, wenn der Vierbeiner gar nicht reagiert, sondern auch, wenn er nicht ganz zu Ihnen kommt, wenn er an Ihnen vorbeiläuft oder ähnliche unerwünschte Verhaltensweisen zeigt. Neben den verbalen Missverständnissen (→ Seite 50) sind es oft nur kleine Feinheiten in der eigenen Körpersprache, die eine große Wirkung, nämlich die entsprechende Reaktion des Hundes, zur Folge haben. Manchmal braucht es aber größere Veränderungen im Umgang, um zuverlässiges Herkommen zu erreichen. Im Folgenden erfahren Sie, welche möglichen Ursachen ein bestimmtes Verhalten je nach Trainingsstand haben kann und wie Sie es beeinflussen können.

1 Steht der Hund stets im Mittelpunkt und wird verwöhnt, ist er Ihrer Zuwendung überdrüssig. Es fehlt ihm souveräne Führung, und er macht, was er will.

2 Hunde brauchen Grenzen und Regeln. Dass er ruhig auf seinem Platz bleibt, während Sie essen, ist nur ein Beispiel, wie Sie ihn reglementieren können.

Der Hund ignoriert Sie

Problem Sie können rufen, wie Sie wollen, der Hund kommt nicht und schaut auch nicht nach Ihnen, obwohl er Ihr Hörzeichen beherrscht.

Mögliche Ursachen

1 Der Hund steht zu Hause immer im Mittelpunkt und genießt »Rundum-Verwöhnaroma«. Er fordert Sie häufig auf, etwa zum Spielen, Streicheln oder Spazierengehen. Vielleicht wird er auch zur Fütterungszeit »lästig«.

2 Er hat schon die Erfahrung gemacht, dass Sie irgendwann aufhören, ihn zu rufen, und ihn seiner Wege gehen lassen, wenn er nicht zu Ihnen kommt.

3 Die Belohnung ist wenig reizvoll. Der Hund hat also nichts davon, wenn er kommt.

4 Sie verhalten sich im Umgang mit Ihrem Vierbeiner generell inkonsequent.

Das kann helfen

1 Sorgen Sie dafür, dass Ihr Vierbeiner weniger Zuwendung bekommt, und werden Sie und die anderen Familienmitglieder diejenigen, die ihn auffordern und auch fordern.

2 Rufen Sie den Hund nur aus kurzer Distanz, und setzen Sie sich da aber durch. Je nach Situation laufen Sie sofort weg und/oder verstecken sich, oder Sie wirken körpersprachlich auf ihn ein

(→ Seite 46). Steigen Sie gegebenenfalls längere Zeit auf Handfütterung (→ Seite 24) oder auf die anspruchsvollere Variante mit der Schleppleine (→ Seite 25) um.

3 Belohnen Sie Ihren Hund für das Herkommen mit einem echten Highlight. Gibt es eine Beschäftigung, der er sich gern und mit Ihnen zusammen widmet? Setzen Sie diese gezielt ein, aber nicht zu oft, sodass sein Interesse daran hoch bleibt.

4 Trainieren Sie auch andere Gehorsamsübungen wie »Sitz« oder »Platz««, und seien Sie dabei konsequent. Das heißt, der Hund muss die jeweilige Übung komplett und korrekt ausführen.

Hinweis Fördern Sie die Aufmerksamkeit Ihres Hundes unterwegs (→ Seite 35), und bemühen Sie sich im Alltag mit dem Vierbeiner um sicheres, souveränes, »sachliches« Auftreten.

1 Sie bleiben stehen und rufen Ihren Hund wiederholt. Er sieht und hört Sie, weiß also, dass Sie noch da sind. Er hat es nicht eilig, denn Sie warten auf ihn.

2 Rufen Sie aber einmal deutlich und entfernen sich dann zügig, lernt Ihr Hund, Anschluss zu halten – vorausgesetzt, Sie haben das ohne Ablenkung geübt.

Der Hund kommt erst nach mehrmaligem Rufen

Problem Ihr Vierbeiner kommt zwar in aller Regel zu Ihnen, aber erst nach wiederholtem Rufen.

Mögliche Ursachen

1 Er ist sich Ihrer zu sicher, da Sie, wenn er zum Beispiel mit einem Artgenossen spielt, auf ihn warten und ihn immer wieder rufen. So hört und sieht er Sie dauernd, also muss er es nicht eilig haben.

2 Sie belohnen ihn für jedes noch so verspätete Kommen überschwänglich und mit leckeren Happen. So kann Ihr Vierbeiner in aller Ruhe zuerst seinen Interessen nachgehen, bevor er sich endlich zu Ihnen bequemt.

3 Er hat noch nie die Erfahrung gemacht, dass es »doof« ist, wenn er nicht sofort zu Ihnen kommt.

4 Unterwegs muss er sich nicht an Ihnen orientieren, weil Sie es ihm stets sagen, wenn Sie einen anderen Weg einschlagen.

5 Sie rufen ihn nur dann, wenn etwas los ist. Dann schaut er sich zuerst noch gründlich um, weil er weiß, dass es jetzt spannend wird.

6 Sie leinen ihn jedes Mal verärgert an, wenn er bei Ihnen angekommen ist. Das möchte Ihr Hund vermeiden und zögert das Herkommen hinaus.

Das kann helfen

1 Entfernen Sie sich zeitgleich zum Rückrufsignal, und rufen Sie Ihren Hund nur einmal.

2 Belohnen Sie Ihren Hund nur noch für promptes Kommen. Sorgen Sie dabei zunächst für einfache Trainingssituationen, in denen er auch sofort zu Ihnen läuft. Achten Sie darauf, dass der Hund beim Training genügend Hunger hat, indem Sie ihn zum Teil per Hand füttern. Aus dem Napf bekommt er nur noch einen Teil der Futterration. Den Rest muss er sich mit zügigem Herkommen verdienen.

3 Unterbrechen Sie seine »Alternativbeschäftigung« (→ Seite 46).

4 Fördern Sie die Aufmerksamkeit unterwegs durch häufige und unangekündigte Richtungswechsel. Bewegen Sie sich dabei entschlossen.
5 Rufen Sie Ihren Vierbeiner nicht nur dann, wenn Sie ihn daran hindern möchten, zu einem interessanten Reiz zu gelangen. Rufen Sie ihn auch ohne jeden Grund immer wieder mal zu sich.
6 Anleinen darf nicht negativ besetzt sein. Behalten Sie den Hund mal an der Leine, mal lassen Sie ihn nach der Übung laufen. Seien Sie beim Anleinen freundlich, und gestalten Sie es positiv (→ Experten-Tipp, Seite 59).

Hinweis Beachten Sie auch die Punkte aus dem Problem »Der Hund ignoriert Sie« (→ Seite 54).

1 Beim Herkommen weicht der Welpe verunsichert aus. Dieses Verhalten festigt sich, wenn Sie öfter hektisch von oben nach seinem Halsband greifen.

2 Positiv wird das Festhalten besetzt, wenn Sie den Hund dicht herankommen lassen und ihn in Ruhe halten, sobald er beginnt, die Belohnung zu fressen.

Der Hund kommt nicht ganz zu Ihnen

Problem Ihr Vierbeiner kommt zwar auf Ruf in Ihre Richtung, bremst aber zu früh und kommt nicht ganz heran. Je nach Ausbildungsstand gibt es verschiedene Gründe.

Mögliche Ursachen

1 Er wurde unterwegs von einem besonderen Reiz abgelenkt und biegt deshalb noch dorthin ab.
2 Sie strecken dem Hund Ihren Arm mit dem Happen entgegen, sodass der Vierbeiner schon ein Stück vor Ihnen abbremst.
3 Sie gehen Ihrem Hund entgegen und hemmen ihn dadurch.
4 Sie haben Ihren Hund, als er nicht richtig vor Ihnen saß, am Halsband oder Fell in die richtige Position gezogen.
5 Ihr Vierbeiner ist sehr sensibel. Sie halten direkten Blickkontakt und hemmen ihn dadurch.
6 Sie greifen schnell und vielleicht auch von oben nach ihm, sobald er in Ihre Reichweite kommt.
7 Sie sind mit der Zeit nachlässig geworden und haben nicht immer Wert auf den gesamten Ablauf der Übung, also auf das Kommen, Vorsitzen und anschließende Bei-Fuß-Kommen, gelegt.
8 Sie bauen sich drohend vor ihm auf oder beugen sich drohend über ihn, wenn er nach mehrmaligem Rufen verspätet bei Ihnen ankommt. Das hemmt ihn erst recht, zu Ihnen zu kommen.
9 Sie sind sehr angespannt und haben »Angst«, dass er nicht herkommt. Das spürt Ihr Vierbeiner, und das stresst auch ihn.
10 Sie rufen den Welpen aufgerichtet im Stehen.

Das kann helfen

1 Hat der Hund gerade vor abzubiegen (den Hund auf dem Weg zu Ihnen gut beobachten!), rufen Sie noch einmal. Ist er bereits auf dem Weg zur Ablenkung, verwenden Sie Ihr Abbruchsignal (zum

Beispiel ein knurriges »Nein« oder Ähnliches) und wiederholen Ihr Rückrufsignal, sobald er das unerwünschte Verhalten unterbricht.

2 Behalten Sie beide Hände, die leere und die mit dem Happen, an Ihrem Körper. So wird Ihr Hund ganz zu Ihnen kommen.

3 Bleiben Sie an einer Stelle stehen, oder bewegen Sie sich rückwärts, aber gehen Sie auf keinen Fall auf Ihren Vierbeiner zu.

4 Sitzt er zu weit entfernt oder schief vor Ihnen, laufen Sie aus dieser Position einfach noch einmal ein paar Schritte rückwärts und sagen dabei erneut Ihr Rückrufsignal. Achten Sie darauf, dass Sie Ihre Hände in Bauchhöhe halten und dicht an Ihrem Körper lassen.

5 Wenden Sie bei Ihrem sensiblen Hund den Blick, wenn nötig auch den Oberkörper, etwas ab.

6 Greifen Sie nicht als Erstes nach ihm oder seinem Halsband. Lassen Sie ihn die Belohnung fressen, und nehmen Sie ihn währenddessen in Ruhe von unten oder seitlich am Halsband oder Geschirr. Alternativ können Sie auch eine dünne längere Leine oder Schnur am Halsband befestigen, die der Hund hinter sich herzieht. Ist er in Ihrer Reichweite, nehmen Sie das Ende ohne Hektik auf. Dann belohnen Sie ihn dicht bei sich. So wirken Sie nicht bedrohlich, er hat keinen Erfolg durch Weglaufen und wird es daher bald nicht mehr probieren.

7 Festigen Sie noch mal den kompletten Ablauf der Übung – zunächst im Haus und aus kurzer Entfernung. Behalten Sie den Ablauf immer bei.

8 Auch wenn Sie sich über schlampiges oder verspätetes Kommen ärgern, sollten Sie trotzdem neutral und locker bleiben und tief durchatmen, statt den Hund letztlich für das Kommen zu »bedrohen«.

9 Bleiben Sie beim Rufen konzentriert, werden Sie aber nicht nervös oder angespannt. Vielleicht sind Sie im Aufbau zu rasch vorgegangen und deshalb unsicher, ob die Übung überhaupt klappt? Beginnen Sie dann noch einmal auf einer weniger schwierigen Stufe im Übungsplan.

10 In voller Größe wirken Sie auf Ihren Welpen nicht einladend. Gehen Sie in die Hocke, dann wird er sicher freudig kommen!

Der Hund weicht aus oder »flüchtet«

Problem Wenn Sie Ihren Hund rufen, weicht er aus, statt zu kommen, oder er läuft sogar weg.

Mögliche Ursachen

1 Das Signal ist nicht gefestigt, und Sie sind immer sofort drohend und schimpfend zu Ihrem

1 Sie rufen ihn, bleiben aber passiv. So ziehen Sie die Aufmerksamkeit des Hundes nicht auf sich. Sieht er hinter Ihnen Interessanteres, läuft er vorbei.

2 Rufen Sie jedoch engagiert und ist auch Ihre Körpersprache motivierend, wird sich der Hund auf Sie konzentrieren und zu Ihnen herkommen.

Hund gelaufen, wenn er nicht kam. Dann heißt Ihr »Hier« für Ihren Vierbeiner: »Oh, nichts wie weg, gleich wird es unangenehm.«
2 Sie sind ihm, wenn er weitergelaufen ist, nachgelaufen. Das heißt für Ihren Hund: »Super, Frauchen/Herrchen läuft mit, die Richtung stimmt also.« Oder: »Was für ein schönes Spiel.«

Das kann helfen

1 Festigen Sie das Signal mithilfe toller Belohnungen – zunächst im Haus – noch einmal neu. Ihr Vierbeiner muss das Kommen positiv und mit einer Superbelohnung bei Ihnen neu verknüpfen. Besteht die Fehlverknüpfung schon länger, beginnen Sie das Training mit einem neuen Signal.

1 Der Hund ist zu Ihnen gekommen, Sie müssen aber erst den Happen suchen. So fehlt die Bestätigung, und der Vierbeiner bleibt nicht bei Ihnen.

2 Haben Sie den Happen parat, wenn der Vierbeiner da ist, wird er das Ankommen optimal verknüpfen und seine Aufmerksamkeit ganz auf Sie richten.

2 Laufen Sie Ihrem Hund nicht nach, um ihn zu »fangen«, sondern bewegen Sie sich weg von ihm.

Der Hund läuft an Ihnen vorbei

Problem Ihr Vierbeiner kommt zwar zu Ihnen, bremst aber nicht, sondern läuft an Ihnen vorbei.

Mögliche Ursachen

1 Sie sind zu passiv in Ihrer Körpersprache, das heißt, Sie rufen, bleiben aber »gelangweilt« stehen.
2 Da Ihr Hund ja direkt auf Sie zukommt, lassen Sie in Ihrer Konzentration zu früh nach.
3 Sie verlangen nur manchmal den gesamten Übungsablauf mit Vorsitzen und Bei-Fuß-Kommen.
4 Sie halten die Hand mit der Belohnung hinter Ihrem Körper, damit der Hund den Happen nicht zu früh erwischt.
5 Die Belohnung ist uninteressant.
6 Ihr Hund ist aus Übermut zu schnell.

Das kann helfen

1 Bleiben Sie engagiert! Halten Sie Ihre Hände auf Bauchhöhe, und klopfen Sie sich damit auf den Bauch, damit der Hund eine Bewegung bei Ihnen wahrnimmt und seine Aufmerksamkeit so nur auf Sie richtet.
2 Bleiben Sie bis zum Ende der Übung konzentriert, und behalten Sie stets den gleichen Ablauf während der gesamten Übung bei.
3 Behalten Sie immer den gesamten Übungsablauf mit Vorsitzen und Bei-Fuß-Kommen bei.
4 Lassen Sie die Hand mit dem Happen in der Tasche, bzw. schließen Sie einfach die Hand vorne am Körper.
5 Verwenden Sie eine wirklich tolle Belohnung.
6 Läuft der Hund aus Übermut vorbei, üben Sie häufig vor einem Zaun oder Ähnlichem. So bremst der Vierbeiner automatisch und gewöhnt sich dadurch daran, bei Ihnen zu stoppen.

Der Hund bleibt nicht bei Ihnen

Problem Ihr Vierbeiner kommt zwar auf Ruf schon zu Ihnen, bleibt aber nicht da, sondern wendet sich anderen Dingen zu oder läuft wieder dorthin zurück, von wo Sie ihn weggerufen hatten.

Mögliche Ursachen

1 Sie stehen gerade am Anfang der Ausbildung und haben die Belohnung nicht parat, sondern müssen erst danach kramen. So geschieht bei Ihnen erst mal nichts, und der Hund beschäftigt sich daher nun mit etwas anderem. Die Belohnung hängt letztlich dann auch nicht mehr mit dem Kommen zusammen.

2 Sie geben Ihrem Hund anfangs zwar die Belohnung, möchten ihn aber danach erst festhalten. Das ist für den Vierbeiner unangenehm, er frisst rasch und ist weg.

3 Nach dem Belohnen kommt von Ihnen keine Botschaft mehr an den Hund.

4 Ihre Konzentration auf den Vierbeiner endet mit seinem Vorsitzen.

5 Ihr Hund kennt kein Auflösungssignal.

Das kann helfen

1 Halten Sie die Belohnung bereits in der Hand oder holen Sie sie rasch aus der Tasche, wenn der Hund zu Ihnen kommt.

2 Nehmen Sie ihn bereits am Halsband, während er seinen Happen frisst, nicht erst danach.

3 Beenden Sie die Übung immer dem Ausbildungsstand entsprechend.

4 Leinen Sie ihn, je nach Trainingsstand, nach dem Festhalten oder nach dem Sitzen an, um ihn am Zurücklaufen zu hindern.

5 Lösen Sie die Übung immer auf (→ Seite 19). Je nach Ausbildungsstand kann das nach dem Festhalten oder dem Vorsitzen sein oder wenn der Hund wieder an Ihrer Seite ist.

Anleinen positiv gestalten

TIPPS VON DER HUNDE-EXPERTIN
Katharina Schlegl-Kofler

Anleinen sollte für Ihren Vierbeiner nichts Negatives bedeuten. Denn es lässt sich nicht vermeiden, dass er nach dem Rückruf auch mal längere Zeit angeleint bei Ihnen bleiben muss. Das kann langweilig für den Hund sein. Schlimmer ist es, wenn Sie mit Ihrem Hund schimpfen, während Sie ihn anleinen. Das kann der Grund dafür sein, dass er nicht so gut hört.

GESTALTEN SIE DAS ANLEINEN POSITIV

BEIM WELPEN Verbinden Sie das Anleinen mit einem anschließenden Leckerchen.

BEIM ÄLTEREN HUND Wenn der Hund das Anleinen als solches schon kennt, darf er danach zum Beispiel sein geliebtes Apportel tragen, oder Sie spielen ein wenig mit ihm an der Leine. Auch über ein Leckerchen wird er sich freuen. Machen Sie etwas, das ihm Spaß macht.

Das müssen Sie aber nicht zeitlebens machen, sondern vor allem, solange der Hund das Kommen lernt. Lassen Sie ihn trotzdem nach der Rückrufübung öfter auch wieder frei laufen.

Die **halbfett** gesetzten Seitenzahlen verweisen auf Abbildungen, U = Umschlag, UK = Umschlagklappe.

Die Inhalte dieses Buches beziehen sich auf die Bestimmungen des deutschen Tier- und Artenschutzes. In anderen Ländern können die Angaben abweichend sein. Erkundigen Sie sich daher im Zweifelsfall bei Ihrem Zoofachhändler oder bei der entsprechenden Behörde.

Verbände/Vereine

› Fédération Cynologique Internationale (FCI), Place Albert 1er, 13, B-6530 Thuin, www.fci.be
› Verband für das Deutsche Hundewesen e. V. (VDH), Westfalendamm 174, D-44141 Dortmund, www.vdh.de
› Österreichischer Kynologenverband (ÖKV), Siegfried-Marcus-Str. 7, A-2362 Biedermannsdorf, www.oekv.at

Wichtiger **Hinweis**

› Haltung **Die Haltungsregeln in diesem Buch beziehen sich auf normal entwickelte Hunde aus guter Zucht, also auf gesunde, charakterlich einwandfreie Tiere.**

› Versicherung **Auch gut erzogene und sorgfältig beaufsichtigte Hunde können Schäden an fremdem Eigentum verursachen. Der Abschluss einer Hundehaftpflichtversicherung ist in jedem Fall dringend zu empfehlen.**

› Allergien **Menschen mit Tierhaar-Allergien sollten vor Anschaffung eines Hundes ihren Arzt befragen.**

› Schweizerische Kynologische Gesellschaft (SKG/SCS), Postfach 8276, CH-3001 Bern, www.skg.ch

Anschriften von Hundeclubs und -vereinen können Sie bei den vorgenannten Verbänden erfragen.

› Berufsverband der Hundeerzieher/innen und Verhaltensberater/innen e. V. (BHV), Auf der Lind 3, D-65529 Waldems-Esch, www.bhv-net.de
› Deutscher Tierschutzbund e. V., Baumschulallee 15, D-53115 Bonn, www.tierschutzbund.de

Fragen zur Haltung

beantworten Ihr Zoofachhändler und der Zentralverband Zoologischer Fachbetriebe Deutschlands e. V. (ZZF), Tel. 0611/44755332 (nur telefonische Auskunft möglich: Mo 12–16 Uhr und Do 8–12 Uhr), www.zzf.de

Hunde im Internet

› www.hunde.com (Infos rund um den Hund)
› www.naturhund.de (Infos über den Hund sowie über Hundeverhaltensberatung und -training)
› www.hundezeitung.de (Infos rund um den Hund)
› www.aktiv-mit-hund.de (Infos rund um den Hund)

Haftpflichtversicherung

Fast alle Versicherungen bieten auch Haftpflichtversicherungen für Hunde an.

Registrierung von Hunden

› TASSO e. V., Abt. Haustierzentralregister, D-65784 Hattersheim, Tel. 06190/937300, www.tasso.net
› Internationale Zentrale Tierregistrierung (IFTA), Nördliche Ringstr. 10, D-91126 Schwabach, Tel. 00800/43820000 (kostenlos), www.tierregistrierung.de

Bücher

› Schlegl-Kofler, K.: Das große GU Praxishandbuch Hunde-Erziehung. Gräfe und Unzer Verlag, München
› Schlegl-Kofler, K.: Welpen-Erziehung. Gräfe und Unzer Verlag, München
› Schlegl-Kofler, K.: Hundesprache. Gräfe und Unzer Verlag, München
› Schlegl-Kofler, K.: Trickkiste Hundeerziehung. Gräfe und Unzer Verlag, München
› Schlegl-Kofler, K.: Mit dem Hund spielen und trainieren. Gräfe und Unzer Verlag, München
› Schmidt-Röger H.: Das große GU Praxishandbuch Hunde. Gräfe und Unzer Verlag, München

Zeitschriften

› Der Hund. FORUM Zeitschrifen und Spezialmedien GmbH, Merching
› Partner Hund. Ein Herz für Tiere Media GmbH, Ismaning
› Unser Rassehund. Hrsg. Verband für das Deutsche Hundewesen e. V., Dortmund
› Dogs. Gruner + Jahr, Hamburg